国家重点研发计划成果

山区和边远灾区应急供水与净水—体化关键技术与装备丛书

江苏省"十四五"时期重点出版物规划项目

丛书主编　袁寿其

应急地下水源快速成井
关键技术与装备

YINGJI DIXIA SHUIYUAN KUAISU CHENGJING
GUANJIAN JISHU YU ZHUANGBEI

王节涛　王树丰　王　岑　朱　勇
刘学浩　张化民　吴金生　黄晓林　著

江苏大学出版社
JIANGSU UNIVERSITY PRESS

镇　江

图书在版编目（CIP）数据

应急地下水源快速成井关键技术与装备 / 王节涛等
著. -- 镇江：江苏大学出版社，2024.11. --（山区和
边远灾区应急供水与净水一体化关键技术与装备）.
ISBN 978-7-5684-2350-2

Ⅰ. P633

中国国家版本馆CIP数据核字第2024E2C664号

应急地下水源快速成井关键技术与装备

著　者/王节涛　王树丰　王　岑　朱　勇　刘学浩　张化民　吴金生　黄晓林
责任编辑/李菊萍
出版发行/江苏大学出版社
地　　址/江苏省镇江市京口区学府路 301 号（邮编：212013）
电　　话/0511-84446464（传真）
网　　址/http://press.ujs.edu.cn
排　　版/镇江文苑制版印刷有限责任公司
印　　刷/南京艺中印务有限公司
开　　本/718 mm×1 000 mm　1/16
印　　张/9.75
字　　数/172 千字
版　　次/2024 年 11 月第 1 版
印　　次/2024 年 11 月第 1 次印刷
书　　号/ISBN 978-7-5684-2350-2
定　　价/50.00 元

如有印装质量问题请与本社营销部联系（电话:0511-84440882）

丛 书 序

中国幅员辽阔，山区面积约占国土面积的三分之二，地理地质和气候条件复杂，加之各种突发因素的影响，不同类型的自然灾害事件频发。尤其是山区和边远地区，既是地震、滑坡等地质灾害的频发区，又是干旱等气候灾害的频发区，应急供水保障异常困难。作为生存保障的重要生命线工程，应急供水既是应急管理领域的重大民生问题，也是服务乡村振兴、创新和完善应急保障技术能力的国家重大需求，更是国家综合实力和科技综合能力的重要体现。因此，开展山区及边远灾区应急供水关键技术研究，研制适应多种应用场景的机动可靠、快捷智能的成套装备，提升山区及灾害现场的应急供水保障能力，不仅具有重要的科学与工程应用价值，还体现了科技工作者科研工作"四个面向"的责任和担当。

目前，我国应急供水保障技术及装备能力比较薄弱，许多研究尚处于初步发展阶段，并且缺少系统化和智能化的技术融合，这严重制约了我国应急管理领域综合保障水平的提升，成为亟待解决的重大民生问题。为此，国家科技部在"十三五"期间设立了"重大自然灾害监测预警与防范""公共安全风险防控与应急技术装备"等重点专项，并于 2020 年 10 月批准了由江苏大学牵头，联合武汉大学、中国地质调查局武汉地质调查中心、国家救灾应急装备工程技术研究中心、中国地质环境监测院、中国环境科学研究院、江苏盖亚环境科技股份有限公司、重庆水泵厂有限责任公司、湖北三六一一应急装备有限公司、绵阳市水务（集团）有限公司 9 家相关领域的优势科研单位和生产企业，组成科研团队，共同承担国家重点研发计划项目"山区和边远灾区应急供水与净水一体化装备"（2020YFC1512400）。

历经 3 年的自主研发与联合攻关，科研团队聚焦山区和边远灾区应急供水保障需求，以攻克共性科学问题、突破关键技术、研制核心装备、开展集成示范为主线，综合利用理论分析、仿真模拟、实验研究、试验检测、工程示范等研究方法，进行了"找水—成井—提水—输水—净水"全链条设计和成体系研究。科研团队揭示了复杂地质环境地下水源汇流机理、地下水源多元异质信息快速感知机理和应急供水复杂适应系统理论与水质水量安全调控机制，突破了应急水源智能勘测、水质快速检测、滤管/套管随钻快速成井固井、找水—定井—提水多环节智能决策与协同、多级泵非线性匹配、机载空投及高效净水、管网快速布设及控制、装备集装集成等一批共性关键技术，研制了一系列核心装备及系统，构建了山区及边远灾区应急供水保障装备体系，提出了从应急智能勘测找水到智慧供水、净水的一体化技术方案，并成功在汶川地震的重灾区——四川省北川羌族自治县曲山镇黄家坝村开展了工程应用示范。科研团队形成的体系化创新成果"面向国家重大需求、面向人民生命健康"，服务乡村振兴战略，成功解决了山区和边远灾区应急供水的保障难题，提升了我国应急救援保障能力，是这一领域的重要引领性成果，具有重要的工程应用价值和社会经济效益。

作为高校出版机构，江苏大学出版社专注学术出版服务，与本项目牵头单位江苏大学国家水泵及系统工程技术研究中心有着长期的出版选题合作，其中，所完成的2020年度国家出版基金项目"泵及系统理论与关键技术丛书"曾获得第三届江苏省新闻出版政府奖提名奖，在该领域产生了较大的学术影响。此次江苏大学出版社瞄准科研工作"四个面向"的发展要求，在选题组织上对接体现国家意志和科技能力、突出创新创造、服务现实需求的国家重点科研项目成果，与项目科研团队密切合作，打造"山区和边远灾区应急供水与净水一体化装备"学术出版精品，并获批为江苏省"十四五"重点出版物规划项目。这一原创学术精品归纳和总结了山区和边远灾区应急供水与净水领域最新、最具代表性的研究进展，反映了跨学科专业领域自主创新的重要成果，填补了国内科研和出版空白。丛书的出版必将助推优秀科研成果的传播，服务经济社会发展和乡村振兴事业，服务国家重大需求，为科技成果的工程实践提供示范和指导，为繁荣学术事业发挥积极作用。是为序。

2024 年 10 月

前　言

　　山区和边远灾区存在应急供水装备不足、越野能力较弱、地层适应性差等问题，为此江苏大学牵头，中国地质调查局武汉地质调查中心、武汉大学、国家救灾应急装备工程技术研究中心等共同参与了国家重点研发计划项目"山区和边远灾区应急供水与净水一体化装备"。

　　本书作为该项目中的课题"地下水源快速成井关键技术及装备研发"的相关成果，聚焦"滤管-套管随钻快速成井固井技术"，针对山区和边远灾区存在易塌孔、缩径、漏浆等不稳定地质条件及地域差异性问题，研究复杂地质环境下快速成井固井原理，开发滤管-套管随钻跟进技术，提高钻井固井效率；针对溶洞、破碎带等极端复杂地质条件，开展膨胀套管快速固井技术研发，最终实现钻孔护壁、抽水洗井、下管成井、填砾固井等工序一体化。

　　课题组研发的钻机、地下水分层监测设备等于 2023 年 9 月 23 日在四川省绵阳市北川羌族自治县黄家坝村完成了应用示范，并为该村钻探出两口水井，出水量分别约为 300 吨/天和 50 吨/天，解决了该村人畜饮水难题，获得了当地政府和群众的一致好评，并得到科技部专家组的高度评价。

　　本书的出版得到了国家重点研发计划"重大自然灾害监测预警与防范"重点专项 2020 年度指南项目"山区和边远灾区应急供水与净水一体化装备"（2020YFC1512400）课题"地下水源快速成井关键技术及装备研发"（2020YFC1512402）的资助。在课题研究阶段，我们得到了许多专家和同仁的支持和指导，在此特别感谢江苏大学原党委书记袁寿其教授、中国地质调查局武汉地质调查中心黄长生教授级高工对装备的研发和项目开展所给予的特别关怀和殷切指导。同时，感谢江苏大学出版社对本书的出版所给予的大力支持。

本书由王节涛、王树丰、王岑、朱勇、刘学浩、张化民、吴金生和黄晓林共同编写完成。具体分工如下：王节涛负责编写第 1 章和第 2 章，王树丰负责编写第 3 章，朱勇负责编写第 4 章的 4.1 至 4.4 节，吴金生和黄晓林负责编写第 4 章的 4.5 节以及第 5 章，张化民负责编写第 6 章，刘学浩负责编写第 7 章，王岑负责编写第 8 章。全书由王节涛统稿。

希望本书的出版能为应急抢险、防灾减灾领域的同行提供参考，为提升我国在山区和边远灾区的灾后应急供水保障能力提供科技支撑。

由于作者水平有限，书中内容难免有不妥之处，敬请广大读者批评指正。

王节涛

2023 年 10 月 8 日

目　　录

第 1 章　山区地下水源快速成井工艺研究现状及未来趋势

1.1　地下水潜力区评价方法国内外研究现状及发展趋势

1.1.1　研究现状

地球上的山区覆盖了陆地表面超过 20% 的面积，全球有 25% 的人口居住于山区中，世界淡水资源总量的 50% 也来自山区。然而，山区地形复杂，常有裂隙并且含水层不连续（如岩溶含水层）。山区含水层的地下水潜力受岩性、地貌、地形、次生孔隙度、地质结构、裂隙密度、渗透率、排水模式、地下水补给、测压水平、坡度、土地利用/覆盖率和气候条件等参数的影响。因此，确定山区地下水潜力区是成功实施应急供水的前提，也是山区与边远灾区应急管理需要解决的关键问题之一。

学者们一致认为，识别地下水潜力区是一个相当复杂的空间问题，尤其是预测地下水储量较为困难。地下水潜力区的传统判断方法主要基于野外实地调查，但这需要花费大量的时间和精力。因此，开发先进的技术并选择合适的参数对有效识别地下水潜力区至关重要。

目前，用于地下水潜力区评估的方法和技术可以分为两大类：基于实验室理论模型的知识驱动法和基于地下水评估经验公式的数据驱动法。知识驱动法是基于专家现场特定经验的技术，地下水潜力区在实地调查中被识别或通过整合各种指数图确定；数据驱动法涉及统计学、概率论和数据挖掘技术。在知识驱动法中，最常用的是层次分析法（AHP），该方法由专家对地下水相关变量的重要性进行排序。因此，知识驱动模型受到专家主观性的影响，并且通常具有场地特异性，只能应用于专家熟悉的区域。在数据驱动法中，统计和概率模型利用双变量和多变量方法，其中最具有代表性的是频率比（FR）法、证据权重（WOE）法和逻辑回归（LR）法。数据驱动法需要大量的基础数据做支撑，包括气象、地貌、地质、土壤、水利、林草、国土空间规划等详细资料信息。

综合比较而言，知识驱动法对专家的经验提出了较高的要求，而且在实际操作中，很难找到熟悉山区和边远灾区地质的专家。除此之外，知识驱动法还存在不同专家因各自擅长的领域不同，对同一地区的认识存在差异，进而出现对研究区的地下水资源的评价存在偏差的情况。而数据驱动法运行成本过高，且效率低下（按照目前的行业发展水平，完成一幅1∶50000地质图的水文地质调查，至少需要一年的时间，且需要耗费数百万元）。据推测，运用数据驱动法完成一个10000平方千米的小型流域的调查，至少需要25年时间，且需要消耗大量的人力、物力和财力。在现有资料方面，目前对水文地质工作者来说，最易获得的数据是全国1∶200000地质图。1∶50000甚至更高精度的地质图并没有覆盖全国，尤其是在山区和偏远地区，地质工作程度参差不齐。此外，由于存在信息壁垒，在不同行业之间获取信息较为困难。这些因素大大限制了数据驱动法在国内的应用。

在这种背景下，必须采用更先进的技术获得更客观、更高精度的数据来评估地下水潜力区。

1.1.2　未来发展趋势

近年来，随着地理信息系统（geographic information system，GIS）和遥感技术的应用，采用高精度的数字高程模型（digital elevation model，DEM）数据来分析地下水潜力区是较为可行的方法。通过卫星遥感技术获取的地表信息，具有广泛的覆盖性、更高的准确性和易获取性，可以详细描述目标位置、范围和变化动态。它在分析地理现象因素的影响、变化过程以及变化规模等方面发挥着重要作用。GIS和遥感技术的应用可以提高人们对地下水资源分布的认识，帮助人们快速、有效识别地下水潜力区，有效解决山区及边远灾区应急供水找水问题。

1.2　水井钻机国内外研究现状

1.2.1　水井钻机国内外研究概况

（1）国外研究概况

国外对钻机的研究可追溯至 18 世纪中叶，当时出现的人力驱动岩心钻机，成为水井钻探设备发展的开端。随着蒸汽机的发明和相关技术逐渐成熟，19 世纪末，蒸汽驱动的钢丝绳冲击式钻机问世，为水井钻机技术的进一步发展奠定了基础。20 世纪 30 年代初，美国卡尔威尔德公司研制出全球首台带回转钻斗的简单螺旋钻孔机，在欧洲各国广泛应用。该钻机安装在重型卡车或履带式车辆上，采用固定式动力头装置。然而，其动力头在钻进过程中无法调整位置，在复杂地质条件下表现出局限性，因此钻进效果不佳。20 世纪 40 年代，全球各国陆续开展钻机设备的研发，意大利迈特公司率先完成了旋挖钻机的自主研制。随后，德国维尔特公司和盖尔茨盖特公司对动力头装置进行了创新性改进，使动力头能够随钻具同步移动，从而提高了钻进效率和适应性。德国宝峨公司为 BG7 型钻机加装伸缩式钻杆，并优化了钻机整车结构布置，在提高钻机扭矩的同时，显著节省了空间占用，迅速在市场上脱颖而出，深受工程人员的青睐。随着液压传动技术及其制造工艺的成熟，20 世纪 60 年代中后期，英国艾迪克公司在其 FRA-160 型钻机中首次装载了液压马达驱动的动力头装置。该钻机逐渐取代了传统的钢丝绳冲击式钻机和转盘回转式钻机，成为全球钻机市场的主流产品。随后，澳大利亚威利郎沃矿业设备有限公司将 LS 阀前负载补偿敏感技术应用于该公司的 VLD-1000 型全液压钻机中，该钻机进行成井作业时，能够有效减少负载变化对回转速度和给进速度的影响，确保钻进系统动作平稳。同时，该技术的应用减小了钻机液压系统的节流和溢流损耗，显著提高了能源利用效率。到 20 世纪 90 年代末，随着计算机、传感器和电液比例自动化技术的普及，现代化机电液一体化的智能旋挖钻机技术得到了迅猛发展。瑞典阿特拉斯·科普柯公司推出集计算机、传感器和电液比例技术于一体的 Diamec U6/U8 APC 型自动控制钻机，该类型钻机使用传感器采集钻进过程中的钻机状态参数，并通过计算机实现钻机全自动化钻进控制。在机电液智能旋挖钻机工作的过程中，操作人员只需要发出简单指令便能自动调整钻进工艺参数，此类钻机在提高钻进效率的同时显著降低了操作者的劳动强度和对他们的技术水平要求，钻机的性能得到了质的飞跃。进入 21 世纪后，CAN（控制器局域网）总线技术与计算机强大的处理能力相结合，极大地推动了全液压钻机的自动化升级。

当前国外水井钻机已经形成高度成熟的产品体系，自动化程度高，产品种类齐全。相较于国内钻机，国外产品在钻进深度和效率方面具有明显优势，并广泛应用了先进的液压反馈、导向装置和自动化调节系统。目前，在我国具有较大影响力的国外全液压动力头钻机型号主要有德国宝峨公司研发的 BG 系列，意大利卡萨阁蓝地公司研发的 C-XP 系列，瑞典安百拓公司研发的 VA 系列，日本日立机建株式会社研发的 KH 系列，日本日立机建和住友机建株式会社联合研发的 SDX 系列等，如图 1-1 所示。

(a) 德国宝峨　　　 (b) 意大利卡萨阁蓝地　　 (c) 瑞典安百拓　　 (d) 日本日立&住友
BG系列钻机　　　 C-XP系列钻机　　　　 VA系列钻机　　　 SDX系列钻机

图 1-1　国外全液压动力头水井钻机

（2）国内研究概况

在 1949 年之前，我国由于工业基础薄弱，几乎没有形成自主的技术理论体系，因此无法独立生产完整的钻探设备。新中国成立以后，我国水井钻机研发经历了从无到有、从仿制到自主研发的历程。20 世纪 50 年代，国内厂家开始对苏联购进的 CZ-22、CZ-30 型钢丝绳冲击式钻机进行仿制。

20 世纪 60 年代，我国科研人员成功研发出红星-300、红星-400 以及 SPC-300H 型转盘式钻机，这标志着我国钻机自主研发的开始。在此后的几十年里，转盘式钻机一直占据国内主要市场份额。国内对全液压成井钻机的研制起步较晚，20 世纪 80 年代中期，上海探矿机械厂联合地质矿产部勘探技术研究所成功研制出 SDY-600 型钻机。该钻机采用液压马达驱动的动力头装置，能够实现钻速的无级变速，使国产钻机的钻进深度从几十米提升到几百米。这一时期，水井钻机基本实现国产化和系列化，主要产品有 MK 系列、MYZ 系列、KY 系列等，但由于总体技术水平受液压元件制造技术水平的限制，国内水井钻机的整体发展速度较为缓慢。

进入 21 世纪后，随着国内技术水平的提升，中联重科、三一重工、徐工集团等公司相继开展水井钻机的自主研发工作。图 1-2 所示为近年来国内部分企业生产的全液压动力头水井钻机。

(a) 中联重科 ZR 系列钻机　　　　　(b) 徐工集团 XR 系列钻机

图 1-2　国内全液压动力头水井钻机

徐工集团率先推出了国内首台旋挖钻机 KUH2000，并且在 2002 年成功参与青藏铁路重大项目的施工，拉开了国产钻机与国外钻进设备同台竞技的序幕。中联重科公司研发的 ZR 系列钻机首次采用双大三角变幅结构，兼顾了工况环境适应性和施工性能稳定性，具备多挡动力头控制功能，显著提升了施工效率。三一重工生产的 SR 系列钻机能够为钻进系统提供超大给进压力与输出扭矩，适用于硬质岩层钻进作业。2015 年，三一重工在 SR 系列的基础上推出了 SR630RC8 型旋挖钻机，打破了亚洲钻机最大钻孔直径与钻孔深度的纪录，解决了大直径超深桩的大回填、孤石等桩基础施工难题。截至 2018 年，国内旋挖钻机销售量已突破 5000 台，且逐渐进入国际市场，出口至泰国、越南、印度以及欧美多个国家和地区。尽管我国旋挖钻机的研发起步较晚，但现已发展成为全球最大的钻机生产基地和市场。

目前，我国水井钻机研发进入快速发展阶段，产品种类多样，市场竞争力不断提升，逐渐走向国际市场。然而，与国外成熟的钻机相比，国产钻机在液压技术、多功能化和自动化方面仍存在较大差距。在液压技术应用方面，国外广泛采用恒功率控制系统或负载敏感系统，而大部分国内厂家仍依赖传统液压传动技术；在钻机多功能化扩展方面，国外钻机通常采用多用途模块式设计，在应用大口径短螺旋/长螺旋施工、全护筒跟管施工、高压旋喷施工和潜孔锤施工等施工工艺时，只需选装不同的模块化配件，而国内钻机在多功能和模块化方面的研究尚需加强；在操作性能方面，国产水井钻机大部分未安装信息反馈系统，操作人员在进行水井作业时无法实时掌握钻进深度、钻架垂直度等工作参数，只能依靠施工经验对钻机在不同地层的钻进参数进行调节，操作人员的劳动强度高，生产效率和作业精度低。

综上所述，国内近些年虽然在水井钻机研究方面取得了相当丰硕的成果，但研发的钻机在多功能化、可靠性、工作效率等方面与国外的钻进设备相比仍存在一定的差距，集中表现为整机功能相对单一、结构可靠性与互换性较差、液压系统控制较为复杂等，需要进一步提升和完善。因此，我国需加大自主创新和技术研发力度，结合国内市场需求，生产适应我国地质条件的水井钻机，逐步缩小与国外先进技术之间的差距。

1.2.2 钻机钻进系统动力学特性与结构分析

钻进系统作为水井钻机成井作业设备的关键组成部分，其性能直接决定了钻机整机的作业效果，因此研究钻进系统的动力学特性尤为重要。国外学者在钻进系统动力学特性的研究中，主要采用有限元软件对钻进系统主体结构的动力学特性进行分析。自 20 世纪 70 年代以来，关于钻机钻进系统结构固有频率与损伤关系的研究掀起了一股新的浪潮，国外学者的研究主要聚焦于钻进系统的动力学特性及其特征值。Gusella 等建立了钻机井架平台模型，分析了井架的动力学特性。Link 等修正了单元刚度参数，进一步完善了钻机桅杆的有限元模型。Vestron 等推导了结构损伤的振动偏微分方程。Karadeniz 分析了影响钻进系统工作的各种不确定因素，如各种随机载荷、疲劳损伤和波浪载荷，并构建了应用于分析井架疲劳可靠性的不确定性模型。20 世纪末，钻机钻进系统动力学研究的目标逐渐聚焦于确定和评估其动态特性。国外部分学者开始开展基于结构动力特性的研究，相关研究结果表明，结构振动特性的变化与损伤密切相关，分析结构的动力响应和特征值对于识别内部损伤至关重要。然而，直到 21 世纪初，才逐渐有更多学者关注这一领域，并提出了能够精准定位损伤位置、合理评估损伤程度的新方法。近年来，一些能够分析大空间钢架结构的计算机软件逐渐成熟和完善，为钻进系统结构的动力响应分析提供了有效的方法和途径。与井架整体结构的动力学特性研究相比，国外对于钻机钻进系统起升过程中的动态响应研究较少，学者主要对钻机起升的基本特性、井架振动的数学模型以及钻进系统关键部件共振引起的疲劳断裂进行了相关研究。

国内关于钻机钻进系统整体结构的动力学特性的研究也取得了较为丰富的成果，主要集中在钻进系统的自振模态、瞬态动力学和谐响应的理论及计算分析方面。高学仕等研究了 HJJ450/45-T 型海洋井架在地震激励下的固有频率和自振特性。在静载荷分析的基础上，董小庆研究了桅杆节点在瞬时冲击力作用下的位移响应规律。吴文秀等结合模态分析理论，利用有限元软件分析了 450T 型海洋井架动力特性，探讨了预应力对井架振动特性的影响。刘晓芬采用谱元法分析了钻进系统结构的动力响应，并与传统有限元法进行了比较，验证了谱元法的适用性，弥补了传统有限元法的不足。李万昊等根据钻机桅杆的实际工况建立了桅杆振动模型，通过试验获得了桅杆的动载荷，并利用 ANSYS 软件对 K 型钻机桅杆进行了瞬态响应分析。胡磊等利用相似理论，构建了深井钻机钻进系统的动力学模型，研究了模型的动力特性。赵广慧等设计了地震模拟试验台系统进行井架动态试验，研究结果表明，在迎风、迎浪、迎流的作用下，井架的动力响应幅值最大，应力状态最差。与国外相比，国内对钻进系统起升过程中的动态响应研究相对较少。赵磊等利用 SAFI 有限元软件分析了双升式钻机桅杆结构在起升过程中的应力，并研究了桅杆在不同起升角度下的应力应变情况。

胡晶磊等建立了 JJ675/48-K 型桅杆有限元模型，对桅杆在起升过程中的受力进行了模拟，分析了桅杆在 15°、30°、45°、60°、75° 及 90° 起升角下的受力情况。赵世雷等以 K 型石油钻机井架为研究对象，应用 ANSYS 有限元软件进行建模、计算和分析，对井架起升安全性进行了研究。张学军等采用有限元数值模拟的方法，建立了 ZJ70DB 型钻机起升过程中 12 个角度的有限元分析模型，并采用静力分析方法研究了钻机桅杆在起升过程中的应力应变情况。罗贤勇利用 ADAMS 和 ANSYS 软件对 ZJ70/4500DBF 型钻机钻进系统起下钻过程的动态响应进行了仿真分析。康宝龙以开口 K 型井架为研究对象，分析了井架在起升过程中钢丝绳张力和钩载随起升角度的变化规律。

基于国内外学者在钻机各方面特性研究的成果，针对水井钻机钻进系统中关键部件的动力学特性进行深入研究，可为提升水井钻机的可靠性、延长水井钻机的使用寿命提供重要的技术支持。

1.2.3 钻机钻进系统驱动机理与仿真分析

水井钻机钻进系统内部参数以及外负载波动会引起系统参数的变化，因此，动态特性成为评估钻进系统综合性能的重要指标。国内外研究机构、学者对钻机驱动系统进行了深入的研究和分析。

鉴于钻机驱动系统中的非线性因素和复杂的驱动机理，部分专家学者对钻机的钻进机理和求解策略进行了探讨。Sidorenko 等以移动式钻机的机械-液压耦合系统为研究对象，利用 MATLAB/Simulink 软件构建了机械-液压耦合系统的双质量动态模型，提高了非线性双质量模型的求解精度和求解速度。Antonenkov 等为了提高钻机对岩石的破碎质量，基于修正岩体性质参数，建立了钻机载荷与钻井速度关系式，进而提高了钻机的机械性能。Jiang 等为提高钻机给进过程中关键部件及液压系统的稳定性，通过功率键合图构建了给进机构液压系统模型，该建模方法为钻机驱动机理的后续研究提供了理论依据。Hoodorozhkov 等为提升钻机钻进的破岩效率，提出将电动式钻机与液压式钻机相结合的驱动策略，该策略通过增加电机动力有效地提升了钻机的破岩效率。

随着钻机工作地层的复杂化，钻机驱动系统的功能逐渐多样化，利用传统的公式和功率键合图难以全面和直观地研究其动态特性变化。仿真软件的迅猛发展以及计算机技术的不断更新，为钻机驱动系统的建模和动态特性分析提供了有效工具。张嘉鹭等针对深部岩土应力会破坏软岩巷道底板问题，基于 AMESim 软件优化了履带式锚杆钻机系统，并研究了回转、行走和给进液压回路的压力及流量特性，研究结果表明，该系统具有调速广和波动小的优势。王博等针对钻机驱动系统负载波动、马达串并联工作不明确等问题，基于 AMESim 软件研究了系统在参数时变下马达的转速和压力特性，研究结果表明，马达串联适用于载荷小、转速高的场合，马达并联适用于载荷大、转速低的场合。针对煤矿井下钻机的卡钻问题，Li 等提出了一种电液控制系统，并利用 AMESim 和 Simulink 软件建立了钻机回转回路仿真模型，研究了卡钻时系统的压力、扭矩和转速特性，研究结果表明，当电液控制系统参数超过阈值时，钻机会带动钻杆缩回，从而有效地避免卡钻事故的发生。针对潜孔钻机作业时由岩层突变、岩石坠落及排渣不畅等引起的卡钻问题，刘治明等基于 AMESim 软件建立了钻机回转系统的仿真模型，研究了溶洞卡钻、缓变卡钻和裂缝卡钻时系统的压力特性曲线，研究结果表明，当回转系统的压力达到一定值后，钻机会停止钻进，并提升钻杆达到防卡钻效果。针对钻机驱动系统中管道对系统动态特性有影响的问题，Shi 等建立了液压长管道状态空间方程的液压传动数学模型，并基于 AMESim 软件构建了仿真模型，仿真结果表明，管道长度和管径对系统动态特性的影响较为复杂，因此需综合考虑系统响应速度和超调量，合理设计管道长度和管径大小。

传统的恒压变量泵搭配多路阀的钻机驱动系统，能量利用率较低且无法实现过载保护功能。负载敏感技术具有过载保护和节能优势，能够根据负载需求提供合适的压力与流量。自 20 世纪 80 年代末起，负载敏感技术被引入工程钻机中，专家、学者们研究了钻机在负载敏感技术调控下的动态特性。Milic 等运用状态空间法构建了钻机负载敏感液压控制系统，并进行了仿真研究。Dasgupta 等利用功率键合图建立了负载敏感技术的阀控马达系统模型，研究了系统中特定参数变化对系统动态响应的影响规律。黄虎等为控制成本和减小功率，采用负载敏感控制与传统辅助控制相结合的方法，并利用 AMESim 软件构建了负载敏感控制下的钻机回转系统仿真模型，结果显示，负载敏感控制系统工作时不仅能减少发热，还使得启停过程更加平稳。滕长江等基于 AMESim 软件构建了钻机回转液压系统的仿真模型，仿真和试验研究表明，该回转系统在不同负载下均具有良好的动态特性和很强的负载适应性。Wang 为提高定向钻机的钻探效率，采用负载敏感技术和恒压变量技术，并基于 AMESim 软件构建了钻机回转系统仿真模型，结合试验得出该工况下系统不仅能提供负载所需的压力和流量，而且动态特性良好。Wang 等提出了一种基于负载敏感技术的千米定向钻机液压控制系统，研究了钻机系统输出的压力和流量特性曲线，得出该液压控制系统高效且具有良好的适应性及运行平稳性。方鹏为满足超长孔定向钻探的精准控制以及安全防护需求，采用负载敏感控制技术，并基于 AMESim 软件研究了定向钻机回转液压回路和给进液压回路的动态特性，研究结果表明，该系统在瞬间启停、液控阀换向以及负载变化过程中，系统压力均能维持稳定的输出状态，且具有较好的调控性。为获取车载钻机系统的响应速度和工作特性，常江华基于 AMESim 软件建立了车载钻机驱动系统的动力学模型，研究了空载启停、带载启停、卡钻以及波动负载下系统的动态性能，得出该系统响应速度较快、跟随性较好等结论。针对履带钻机给进与回转回路相互干扰的问题，陈婵娟等基于 AMESim 软件构建了阀后压力补偿型钻机驱动系统，研究结果表明，该技术不仅满足了给进与回转回路流量独立的需求，还使各回路流量与负载无关。

1.2.4　钻机钻进系统智能控制方法研究

水井钻机钻进系统主要由给进回路和回转回路组成，在成井作业过程中，这两个回路的性能直接影响成井质量和作业效率。为提高成井质量和作业效率，需要及时调节钻进参数，以确保对给进回路和回转回路实施有效控制。传统 PID 控制器凭借其结构简单、鲁棒性好、调整方便等优势，长期以来一直是自动控制领域的主流控制方式。据统计，目前全球工业生产所使用的控制器中，传统 PID 控制器及其改进型控制器占据 84% ~ 90% 的份额。针对不同的被控对象，传统 PID 控制器分别通过比例控制、积分控制、微分控制 3 个阶段的参数调整使被控对象执行机构获得所期望的输出。然而，水井钻机的钻进过程存在强耦合、高度非线性、参数时变、负载工况多变、环境干扰不确定、多源动力协同工作等特性，而常规 PID 控制器的关键控制参数均为固定值，因此，对这样一个具有时变负载的复杂非线性动力学系统难以实现较好的动态跟踪效果。

为应对这些挑战，国内外研究人员将结合了模糊逻辑、神经网络和优化算法等新技术的智能 PID 控制器应用到钻机钻进系统中，以提高控制器对未知不确定性的自适应能力和非线性控制逼近能力。与传统 PID 控制器相比，智能 PID 控制器具有信息自主感知、环境交互与容错能力强等特点，能够满足钻进系统对自感知、自学习、自决策、自执行等方面的高要求。智能 PID 控制器通常采用两层结构，上层结构使用某种智能算法判断被控对象实时状态，并调整下层 PID 控制器的 3 个控制参数，经过多次循环后下层 PID 控制器输出经过智能算法优化的最优控制参数，实现对被控对象的非线性控制。例如，白晓辉针对传统 PID 控制器在钻速优化方式上存在的不足，通过将模糊逻辑和传统 PID 控制器结合的方式构建了自动送钻模糊 PID 控制器，仿真结果表明，该系统能够较好地补偿误差、减少超调，适用于对非线性、时滞、时变自动送钻系统钻速的控制。王英杰等利用模糊 PID 控制器对钻进系统进行控制，实现了钻具在恒钻压（或恒转速）条件下的自动进给，改善了钻机自动控制系统的快速性、精确性及稳定性。卢强将模糊 PID 控制器引入水井钻机，并且通过 Simulink 软件对模糊 PID 控制器进行设计，与 AMESim 软件进行联合仿真验证，结果表明，相较于传统 PID 控制器，模糊 PID 控制器可实现对钻进系统钻压的稳定控制。针对成井作业过程中井底压力时变和非线性的基本特征，Gorjizadeh 等采用模糊规则建立了恒定井底压力非线性控制器，仿真结果表明，该控制器在保持系统钻进速度稳定性的同时，可保证井壁出现孔隙和裂缝时井底压力能够快速收敛到期望值。沙林秀等在模糊 PID 控制器的基础上做了进一步改进，提出了一种模糊 PID 与小脑模型神经网络自适应切换相结合的控制策略，仿真结果表明，相比于传统 PID 控制和模糊 PID 控制，该方法可使系统的稳定性和快速性显著提升。

近年来，国内外研究人员在结合了神经网络、优化算法等新技术的智能 PID 控制器应用方面开展了大量工作。为解决传统钻进系统控制方法在工作对象硬度发生改变时智能化控制水平较低的问题，王晓瑜等通过遗传算法改进了 PID 控制器初始参数获取方式，并使用蚁群算法优化了 PID 参数整定值。试验结果表明，基于遗传、蚁群混合算法的 PID 控制器能够在工况改变时使钻机钻进系统的给进力与工作油压进行最佳匹配，实况最优功率输出。Losoya 等设计了一种计划增益 PID 控制器，它可以通过不同的参数表来适应不同的钻井条件，并动态优化钻具钻速、输出功率，减少由钻具振动引起的井壁不规则现象。Zhang 等提出了一种应用于控压钻井的改进粒子群优化 PID 神经网络模型，仿真结果表明，该模型具有自学习特性好、优化质量高、控制精度高、无超调、响应速度快等优势。针对钻机钻进系统位置跟踪问题，郭一楠等设计了一种改进 RBF（径向基函数）神经网络自适应滑膜控制器，仿真结果表明，在工况环境下，该控制方法能够克服钻机钻臂的非线性和不确定干扰，实现无超调、更快速和精确的高精度位移控制。针对井压控制精度低、钻进时效差等关键技术问题，孟卓然等提出了一种用于稳定井底压力、提高机械钻速并减弱黏滑振动幅值的非线性模型预测控制方法。与常规 PID 控制相比，该控制方法表现出更好的稳定性与抗扰能力，并能有效抑制气侵与黏滑振动，提升机械钻速。Bajolvand 等将地质力学参数引入钻进控制参数中，采用人工神经网络与多层感知器相结合的非支配排序遗传算法，对任意深度的实时可控参数进行优化，结果表明，该模型可显著缩短钻井时间，减小误差。Pavković 等针对存在未知参数、扰动和时滞的钻井系统，探讨了串级钻压控制系统设计方法，以增强系统的鲁棒性，仿真结果表明，在模型匹配较好的情况下，该控制系统在控制精度和超调量方面均优于传统 PID 控制。Keller 采用随机森林算法对多个井下参数进行耦合建模，以实现井下位置快速控制，试验结果表明，该方法在井深变化较大时有较强的鲁棒性，同时具有良好的跟踪性、抗扰性和时滞补偿能力。

综上所述，水井钻机成井作业过程中复杂多变的外部载荷和极端工况对智能控制技术提出了更高的要求。随着钻机自动化和智能化程度的不断提高，越来越多的研究正聚焦于神经网络和优化算法等人工智能手段，以期提升传统 PID 控制的自适应能力与智能化水平，实现对钻进过程的智能控制。

1.3　研究中的关键问题

在钻井工程实践中，钻机设备常常面临复杂且不确定的地质条件。地层的多变性和不可预测性使得钻具承受的载荷呈现出高度的随机性和不确定性，进而引发如卡钻和井孔偏斜等常见问题。虽然传统的机械式和液压式钻进系统已在一定程度上解决了这些问题，但是随着钻井工况日益复杂，研发更先进的钻进驱动系统成为迫切需求。为确保钻进系统在复杂工况下的安全性和可靠性，研究其动态响应特性成为学术界和工程界的重点关注方向。此外，随着钻井设备功能的多样化和高度集成化，提升钻进系统的协同工作能力和性能稳定性成为新的技术挑战。本节将从钻进系统的载荷不确定性、装备的受载特性与疲劳失效、钻进系统的动态响应特性与控制策略、钻进系统的非线性耦合动力学，以及钻速、钻压与钻进轨迹的智能控制等方面，探讨水井钻机研究中的关键问题。

1.3.1　钻进系统的载荷不确定性问题

钻进系统首先面临的挑战是载荷的不确定性。复杂且多变的地层会对载荷特性产生显著影响，使得载荷的随机性和不确定性贯穿于整个钻井过程。载荷的变化又对水井钻机的工作效率、精度及安全性产生直接影响，如常常引发卡钻及井孔偏斜等问题，严重影响钻进效率及钻井质量。因此，研究钻进系统在多工况载荷下的动态响应特性尤为关键。

1.3.2　装备的受载特性与疲劳失效问题

水井钻井装备在不确定载荷条件下的受力及其疲劳失效问题，是由载荷特性引发的。在钻井过程中，诸如钻机启停控制、动力源切换以及复杂载荷等多种工况，均会对钻井装备施加蠕变载荷、冲击载荷和交变载荷。这些载荷的应力分布及其引发的变形规律目前尚不完全明确，尤其是在极端工况下，关键部件可能出现刚度退化、变形加剧等现象，甚至导致装备整体失效。为避免此类问题，亟须对装备的受载应力应变规律及其疲劳失效机制进行深入研究和分析。

1.3.3　钻进系统的动态响应特性与控制策略问题

钻进系统的响应特性对其在不同载荷和复杂环境下的性能表现具有重大影响，尤其是在复杂的非线性动力学系统中。为了提升系统的运行效率和稳定性，必须确保其具备快速的控制响应与稳态跟踪精度。这就要求系统能够在既定目标下，快速响应控制指令，并精准跟踪稳态值。然而，在实际工程应用中，由于水井钻机钻进系统具有高度的非线性、强耦合性、参数时变性，以及负载工况的多变性和环境干扰的不确定性，运用常规的控制方法难以取得理想的控制效果。基于此，研究钻进系统的动态响应特性并制定优化的控制策略，确保其在各种地层条件下可高效运行，成为当前钻机研究的核心重点。因此，在深井、超深井钻进过程中，确保钻进系统在复杂运行环境中的有效性和可靠性，仍然是亟待解决的关键工程问题。

1.3.4　钻进系统的非线性耦合动力学问题

在多物理场耦合作用下，钻进系统的非线性动力学行为极其复杂且多变，成为该领域的研究难点。深入理解非线性耦合振动及其控制方法，对提升系统工作效率和稳定性至关重要。目前，对于钻进驱动系统的研究仍处于初步阶段，其动力学模型涵盖机械、电控、液压、气动等多个学科领域，存在动态响应不明确、敏感影响因素不清晰等问题。同时，钻进系统的驱动方式需兼顾往复旋转与高低频冲击的复合运动，使得该系统的动力学行为更加复杂。为进一步提升钻进系统的效率与稳定性，亟须深入研究其在多物理场耦合作用下的动力学机制。在实际钻井过程中，钻进系统须面对复杂的地质条件和不确定的变载荷工况，动载荷易通过钻杆传递至动力集成机构，从而引发非线性振动，由此产生的振动和冲击可影响装备的整体性能。因此，钻进系统非线性耦合振动的诱发机制及其控制方法是未来研究的重点方向。

1.3.5　钻速、钻压与钻进轨迹的智能控制问题

在复杂地质条件下的变载荷工况中，实现钻进系统钻速和钻压的智能调节至关重要。钻机振动力大且稳定性差，若操作不当则易导致井孔偏斜，甚至中断钻进作业。钻速、钻压及钻进轨迹的智能控制是提升钻机钻井效率和精度的关键技术手段，也是有效应对复杂地质条件的重要方法。优化钻速不仅能够提高钻机效率，还能减少设备的能耗和磨损。目前，尽管多种模型预测与优化算法已应用于钻机钻速和钻压控制，并结合了机器学习和自适应控制算法，但控制精度仍有待提高。同时，复杂地质条件下的钻进轨迹优化仍然是重点研究方向，未来可实现最佳井眼轨迹的规划与控制。

1.4　研究中的创新点

① 为提高山区和边远灾区等水文地质资料缺乏或交通不便地区的打井成功率，快速确定打井孔位，采用形态计量学方法对这些地区地下水潜力进行评价。本研究选取鄂西山区的清江流域开展示范性应用，并与实际钻探结果相验证。

② 为提高成井固井效率，研发适用于容易塌孔、缩径、漏浆、空洞等不稳定复杂地质条件的滤管-套管随钻跟进快速成井固井技术装备：研制全液压钻机配套无级变速综合动力头，基于集成产品开发（IPD）和能力成熟度模型（CMM），运用三维建模软件对动力头钻进系统进行仿真设计、电液比例控制优化；开发全液压智能钻机履带式行走装置，适应复杂地质环境下行走和不平整地面工作，并研制出可原地转向且交错移动的全液压智能钻机。

③ 开展履带式智能钻机一体化装备液压传动系统功能设计、模拟仿真及性能优化：研究全液压驱动、履带式自行走钻机智能控制方法；优化钻机履带行走回路控制策略，实现复杂地形智能行走（前进、后退、转弯、制动）；研发机体平台自平衡控制回路，实现钻机车体平台机身倾角自平衡调整，确保钻机稳固钻进；研究钻机主导工艺钻进成井机理，优化液压推进系统及提升系统，实现钻机在复杂地质、多工况下的自适应调节；开展钻机一体化装备集成优化设计，研究集成控制策略，实现钻机自行走系统、自平衡系统、自适应推进系统、提升系统及回转系统多功能协同作业、稳定运行。

④ 针对极端复杂地质条件以及滤管-套管技术难以应对的少量应用场景，开展膨胀套管快速固井技术研发：研究易坍塌、强漏失、强污染含水层、溶洞等地下复杂地层区段膨胀封隔技术，建立钻孔护壁、抽水洗井、下管成井、填砾固井等工序一体化工艺，提高成井固井效率和成功率。

第 2 章　基于形态计量学的山区地下水潜力区判别：以清江流域为例

　　如何快速低成本地获取地下水资源量的信息一直是困扰水资源评价工作者的难题。水系形态是外作用力（降水）和内在因素（地层岩性、构造）共同作用的结果，通过分析水系的形态学特征可以获取流域内的相关水文信息。形态计量学是利用数学手段对地表水系各种形态（如流域的形状和尺寸）特征进行测量分析的学科。形态计量学的内容主要包括水系网络的一维线性、二维面状、三维起伏度等特征。由于大多数形态计量学参数对河流的水文响应行为有较高的敏感性，且其均采用比值形式，因此可以利用这些参数对不同面积的流域进行特征比较。随着地理信息技术的发展和计算机性能的提高，越来越多的学者选择利用形态计量学参数对流域的地形、地貌、水文等特征展开研究。对流域的水系网络进行分析，不仅可以揭示水系网络的一维和二维特征，结合数字高程模型（DEM）数据，而且可以对流域的三维地貌几何形态进行分析，进而详细了解流域内的地表过程，为流域水资源管理提供帮助。

2.1　研究区概况

　　清江是我国南方岩溶地区的代表性河流，自震旦纪至三叠纪，清江流域内沉积了巨厚的以碳酸盐岩为主间夹碎屑岩的岩层。清江流域地层主要包括 8 个碳酸盐岩岩溶含水岩组：① 震旦系上统灯影组厚-巨厚层纯白云岩夹灰岩；② 寒武系下统石龙洞组厚层纯白云岩；③ 寒武系中统覃家庙群中-薄层不纯碳酸盐岩；④ 寒武系上统娄山关组厚层纯白云岩；⑤ 奥陶系下统厚层纯灰岩；⑥ 奥陶系中统中–厚层不纯碳酸盐岩；⑦ 二叠系下统厚层纯灰岩；⑧ 三叠系下统中–厚层纯灰岩夹白云岩，其间为非碳酸盐岩相对隔水层。清江构成了本区岩溶地下水的最终排泄基准，岩溶地下水总体上由北向南（清江北岸）或由南向北（清江南岸）向清江干流汇集。受 NE、NNE 向褶皱构造控制，地下水由褶皱构造两翼向背斜或向斜核部汇集，并由分水岭向清江干流集中排泄。大气降水在高位岩溶台面上入渗后，经岩溶地下水管道系统逐渐向干流或支流的下游段排泄。

　　清江干流全长 423 千米，流域面积约 17000 平方千米。清江干流分为三段：河源至恩施为上游，恩施至资丘为中游，资丘至河口为下游。清江流域地势自西向东倾斜，除上游利川、恩施、建始三块较大盆地及河口附近有少数丘陵、平原外，80% 以上是山地，呈高山深谷地貌。受交通条件限制，很多地区的泉点流量无法直接测量，因此无法对流域内的地下水资源进行精确测定，这给清江流域的水资源管理带来了较大的困难。鉴于此，本研究拟采用地理信息系统（GIS）软件，通过开展清江流域形态计量学分析，对不同子流域的优先级进行排序，以期为地下水资源潜在区的识别提供新的思路。

2.2　数据和方法

　　本研究所采用的数据来自地理空间数据云（http://www.gscloud.cn/），选择 30 m 空间分辨率的先进星载热发射和反射辐射仪全球数字高程模型（advanced spaceborne thermal emission and reflection radiometer global digital elevation model，ASTER GDEM）进行分析。首先对从地理空间数据云获得的数据进行几何校正和投影变换，然后使用 GIS 软件生成水系网络图，在流域划分的基础上，提取清江流域及其子流域边界图。清江干流自上而下分布有水布垭（蓄水位 400 m）、隔河岩（蓄水位 200 m）、高坝洲（蓄水位 80 m）三个大型水电站，它们所形成的水库对该地区 DEM 数据精度产生了较大影响。此外，在清江下游平原地带，DEM 数据的精度也较差。因此，本研究选择除干流区和下游平原区外的山区和丘陵展开研究，一共选择了清江流域内的 24 个子流域，这些流域的面积占清江流域总面积的 77.66%，基本可以反映清江流域的整体特征（见图 2-1）。

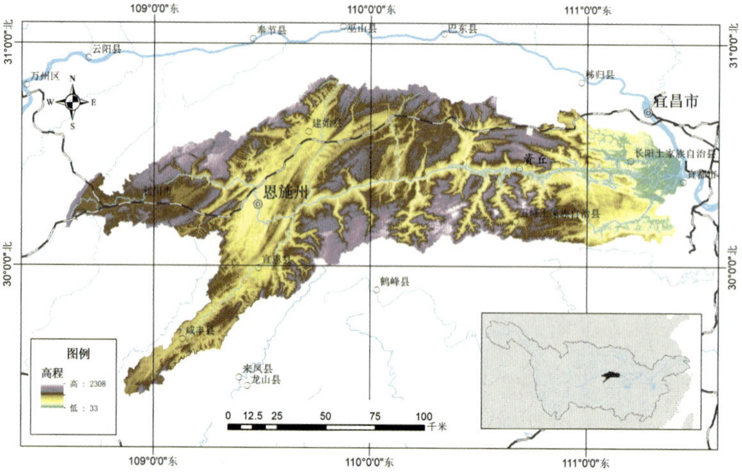

图 2-1　清江流域位置及数字高程模型（GDEM）

本研究中，采用 GIS 软件提取清江流域内 19 个形态参数，其中：坡向和坡度用于描述全流域整体特征；水系等级（U）、水系数量（N_u）、水系长度（L_u）、平均水系长度（L_{sm}）、水系长度比值（R_l）和分叉比（R_b）用来描述水系的线性特征；延长比（R_e）、水系密度（D_d）、水系频率（S_f）、圆度（R_c）、形状因子（R_f）、水系质地（D_t）、紧度系数（C_c）、流域长度（L_b）、流域周长（P）和流域面积（A）用来描述水系的面状特征；总起伏度（H）、起伏度比值（R_h）和相对起伏度（R_r）用来描述流域的起伏度特征。通过对计算所得到的参数值进行综合计算，可获得不同子流域的合成值，并将其用于评价不同流域的优先级。

采用 GRASS GIS 7.8.0 的 r. stream. order 模块生成流域边界和水系网络，利用 r. stream. stats 模块计算不同的参数值。由于 ArcGIS 在图件制作方面优势明显，因此本书中所有地图均由 ArcGIS 10.5 制作。本研究中所选择的 24 个子流域位置如图 2-2 所示，整体技术路线如图 2-3 所示。其中，形态计量学分析中的参数及计算公式如表 2-1 所示。

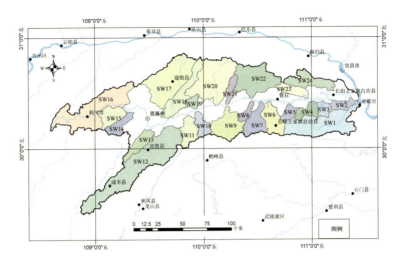

图 2-2　清江流域内 24 个子流域分布图

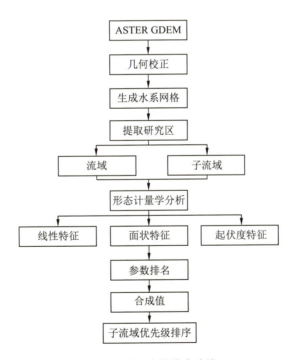

图 2-3　本研究的技术路线

表 2-1　形态计量学参数计算公式

特征分类		形貌参数	定义/公式	参考文献
线性特征	1	水系等级（U）	等级排序	Strahler，1964
	2	水系数量（N_u）	水系的数量	Horton，1945
	3	水系长度（L_u）	水系的长度	Horton，1945
	4	平均水系长度（L_{sm}）	$L_{sm} = L_u / N_u$	Strahler，1964
	5	水系长度比值（R_l）	$R_l = L_u / L_{u-1}$	Strahler，1964
	6	分叉比（R_b）	$R_b = N_u / N_{u+1}$	Strahler，1964
面状特征	7	延长比（R_e）	$R_e = D / L_b$（其中，$D = \sqrt{4A/\pi}$）	Schumm，1956
	8	水系密度（D_d）	$D_d = L_u / A$	Horton，1945
	9	水系频率（S_f）	$S_f = N_u / A$	Horton，1945
	10	圆度（R_c）	$R_c = 4\pi A / P^2$	Strahler，1964
	11	形状因子（R_f）	$R_f = A / L_u^2$	Horton，1945
	12	水系质地（D_t）	$D_t = N_u / P$	Horton，1945
	13	紧度系数（C_c）	$C_c = 0.2821 P / \sqrt{A}$	Horton，1945
	14	流域长度（L_b）	流域出水口到流域内任一点的最大长度	Schumm，1956
	15	流域周长（P）	流域的周长	Schumm，1956
	16	流域面积（A）	流域的面积	Schumm，1956
起伏度特征	17	总起伏度（H）		Schumm，1956
	18	起伏度比值（R_h）	$R_h = H / L_b$	Schumm，1956
	19	相对起伏度（R_r）	$R_r = H / P$	Schumm，1956

2.3　研究结果

2.3.1　整体特征

（1）坡向

坡向通常指的是山坡面对的方向。该因素对当地气候有显著的影响，因为坡向会影响太阳辐射的获取强度，并会影响水分的蒸散过程。例如，与北坡相比，南坡易获取更多的阳光和暖湿气流，但是南坡的蒸散速率也大。清江流域的坡向如图 2-4 所示。

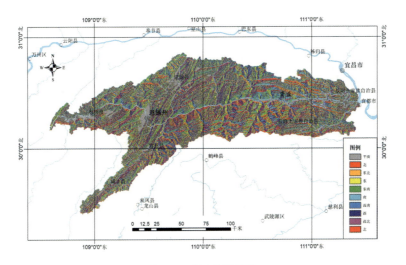

图 2-4　清江流域坡向

清江流域内不同坡向面积所占比值如表 2-2 所示。由表可知，清江流域的坡向以东南向所占比例最高，占流域总面积的 13.2%；平面占比最小，为 7.1%。

表 2-2　清江流域内不同坡向面积所占比值

坡向	面积/km²	占比/%
平面	1224	7.1
北	1924	11.1
东北	1824	10.5

续表

坡向	面积/km²	占比/%
东	2050	11.8
东南	2283	13.2
南	1983	11.4
西南	1827	10.5
西	2003	11.5
西北	2179	12.6

注：占比保留小数点后一位小数，故占比总和不到100%。

（2）坡度

坡度是影响分水岭和地表形态发展的重要因素，坡度的大小又受岩石力学性质、区域的气候等影响。根据国际土壤学会推荐的地形坡度 SOTER 分类理论，按照坡度百分比值，将清江流域的坡度分为 0～2%（1 级），2%～5%（2 级），5%～10%（3 级），10%～15%（4 级），15%～30%（5 级），30%～45%（6 级）和>45%（7 级）七个等级。坡度值大的地形，对应的河流具有较大的地表径流速度，从而造成地下水补给量减少。由于坡度对地下水资源量具有反向影响，因此按照地形坡度从小到大，将地下水资源量划分为极高、高、中等、低和极低五个等级，其中中等地下水资源量对应 3 级和 4 级两个坡度等级，极低地下水资源量对应 6 级和 7 级两个坡度等级（见表 2-3）。

表 2-3　根据 SOTER 理论对清江流域坡度进行分类

坡度等级	坡度/%	所占面积比例/%	地下水资源量
1	0～2	8.07	极高
2	2～5	1.97	高
3	5～10	4.32	中等
4	10～15	5.63	
5	15～30	22.12	低
6	30～45	21.51	极低
7	>45	36.39	

注：各坡度所占面积比例总和略大于100%由数据处理引起。

坡度分析显示，清江流域 8.07% 的面积位于坡度 1 级水平，1.97% 的面积位于坡度 2 级水平，4.32% 的面积位于坡度 3 级水平，5.63% 的面积位于坡度 4 级水平，22.12% 的面积位于坡度 5 级水平，21.51% 的面积位于坡度 6 级水平，36.39% 的面积位于坡度 7 级水平。这表明，清江流域的地形以陡峭至非常陡峭的斜坡为主（见图 2-5）。与此相对应，清江流域总体上具有较高的地表径流速度，流域内易出现水土流失灾害的地区占清江流域总面积的 36.39%，且地下水资源量大部分处于低和极低的水平。

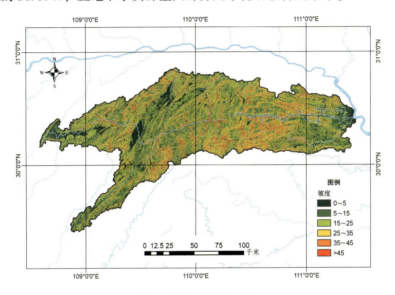

图 2-5　清江流域坡度图

2.3.2　线性特征

（1）水系等级

目前，水系等级（U）划分常用 Strahler（1964）提出的水系等级划分规则。Strahler 将河流源头位于分水岭附近的水系命名为 1 级水系，两条 1 级水系汇合后的水系升为 2 级水系，两条 2 级水系汇合后的水系升为 3 级水系，以此类推。此外，他还规定，低级水系与高级水系汇合后水系等级不变。

采用 Strahler 分级规则，可以得出清江流域内 24 个子流域水系的等级，其中 3 级河流有 3 个，包括 SW2、SW8 和 SW19；4 级河流有 14 个，包括 SW3~SW7、SW9~SW11、SW13~SW15、SW21、SW23 和 SW24；5 级河流有 6 个，包括 SW1、SW16~SW18、SW20 和 SW22；6 级河流有 1 个，为

SW12（见表2-4）。

表 2-4   清江流域 24 个子流域的线性特征

子流域	U	N_u/条	L_u/km	L_{sm}/km	R_l	R_b
SW1	5	426	863.42	13.42	2.35	3.49
SW2	3	50	133.73	8.82	3.42	4.38
SW3	4	46	90.15	4.29	1.64	3.35
SW4	4	91	163.04	7.35	2.57	3.07
SW5	4	56	109.94	4.30	1.63	2.85
SW6	4	184	310.67	11.29	3.10	4.03
SW7	4	148	279.83	10.88	2.98	3.68
SW8	3	39	87.13	8.82	4.04	3.87
SW9	4	204	412.34	11.94	2.95	4.16
SW10	4	91	175.01	7.43	2.41	3.19
SW11	4	113	251.88	10.85	2.63	3.39
SW12	6	657	1438.47	15.06	1.87	3.20
SW13	4	106	227.32	8.04	2.44	3.26
SW14	4	90	171.35	9.38	2.75	3.77
SW15	4	116	278.64	8.46	2.32	3.39
SW16	5	448	1076.93	17.25	2.36	3.46
SW17	5	356	909.59	12.14	2.02	3.31
SW18	5	163	413.42	12.08	2.11	2.83
SW19	3	38	79.09	5.34	2.71	1.81
SW20	5	402	951.64	13.36	2.22	3.40
SW21	4	52	118.16	6.41	2.05	2.73
SW22	5	311	636.99	9.20	1.97	3.99
SW23	4	89	167.10	7.27	2.31	3.54
SW24	4	171	327.31	13.09	3.13	3.87

注：表中平均水系长度、水系长度比值、分叉比等数据并非按表 2-1 中公式直接计算得出，而是要分级别计算，过程相对复杂，此处不作详述。

（2）水系数量

水系数量（N_u）是指不同级数水系的个数。根据 Horton 定律，流域中不同级数的水系的个数近似成等比数列。该定律指出，水系的数量随着级数的增加而逐渐减少。水系的数量取决于该地区的地理、地貌和地质条件。GDEM 数据显示，清江流域共有 4447 条水系，其中 SW12 水系最多，共有 657 条水系；SW19 水系最少，共有 38 条水系（见表 2-4）。

（3）水系长度

Horton（1945）将水系长度（L_u）定义为流域内所有水系的长度之和。流域内不同级别的水系长度符合几何级数关系。流域的水文特征与水系长度有关，渗透性较好的地层，河水易下渗，水系长度较短，而渗透性较差的岩石地层则对应较长的水系长度。清江流域内的 24 个子流域中，SW12 水系长度最长，为 1438.47 km；SW19 水系长度最短，为 79.09 km（见表 2-4）。

（4）平均水系长度

将每一等级的水系总长度除以该等级水系的总数，即可得出平均水系长度（L_{sm}）的值。通常情况下，平均水系长度 L_{sm} 的值随着水系等级数的增加而增大。清江流域内 24 个子流域的平均水系长度从 4.29 km（SW3）到 17.25 km（SW16）不等（见表 2-4），L_{sm} 的平均值为 9.85 km。

（5）水系长度比值

水系长度比值（R_l）是给定等级（U）的水系长度与低一级（$U-1$）水系长度的比值。R_l 值受坡度和地形条件影响较大，同时也与地表水径流量和侵蚀能力有关。为了揭示水系长度比值与水系等级的关系，本研究制作了清江流域 24 个子流域的水系长度比值分布散点图，如图 2-6 所示。由图 2-6 和表 2-4 可见，24 个子流域水系长度比值大多位于 1~4 之间。

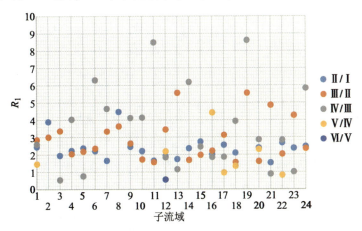

图 2-6　各子流域水系长度比值分布情况

注：图中 Ⅰ～Ⅵ分别代表 1 级水系至 6 级水系。

（6）分叉比（R_b）

分叉比是低级水系与相邻高级水系的数量的比值，是一个无量纲参数，常作为描述流域内构造地质条件对水系影响程度的指标。分叉比高的流域，水系受构造扰动的影响较大；分叉比低的流域，水系受构造扰动的影响较小。清江流域 24 个子流域水系分叉比的散点图如图 2-7 所示。由图 2-7 可知，24 个子流域中有 13 个子流域不同级水系之间的 R_b 值大于 5.0，其中 SW14 的 R_b 值最大，可达 9.5。这表明，清江流域内水系受构造扰动的影响较大。

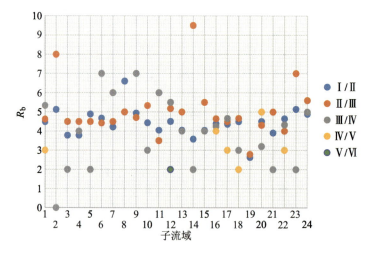

图 2-7 各子流域的水系分叉比

注：图中 Ⅰ～Ⅵ分别代表 1 级水系至 6 级水系。

2.3.3 面状特征

（1）延长比

延长比（R_e）是与流域面积相同的圆的直径与流域长度之比。延长比与降水入渗能力成正比，与河流径流量成反比。相对于细长的流域，圆形的流域径流排泄能力更强。延长比可分为较大（<0.5）、中等（0.5~0.7）、较小（0.7~0.8）、椭圆（0.8~0.9）和圆形（0.9~1.0）五个类别。根据 Horton 公式计算得出的清江流域 24 个子流域的延长比范围为 0.42~0.89（见表 2-5）。

（2）水系密度

水系密度（D_d）是总水系长度与流域面积的比值，是衡量流域内水系发育程度的指标。它反映了水系之间的接近程度，与流域内各种地层的风化作用强度、起伏度和降雨等因素有关。高渗透性区域常表现为较低的水系密度，而弱渗透性和不透水区域常表现为较高的水系密度。根据公式计算得出的清江流域 24 个子流域的水系密度范围为 $0.61 \sim 0.79$ km/km^2（见表 2-5）。

（3）水系频率

水系频率（S_f）是一个流域中水系总数与该流域面积之比。也有人指出，S_f 值较小，表明流域水系拥有较小的径流量和较高的渗透率。根据公式计算得出的清江流域 24 个子流域的水系频率范围为 $0.28 \sim 0.42$（见表 2-5）。

（4）圆度

圆度（R_c）是流域面积与圆周长度和流域周长相同的圆的面积之比。R_c 是用来衡量水系形状是否处于树枝状水系阶段的指标，也可以用来判断流域所处的演化阶段。R_c 值较小，表明流域处于青年阶段；R_c 值较大，表明流域处于老年阶段；R_c 值处于前两者之间，表明流域处于壮年阶段。圆度与流域的几何形状有关，圆度值的大小受地质背景、土地利用/土地覆盖、地形、坡度和气候等因素影响。根据公式计算得出的清江流域 24 个子流域的 R_c 值范围在 $0.08 \sim 0.47$ 之间（见表 2-5）。

（5）形状因子

形状因子（R_f）是流域面积与水系长度平方的比值。通常，流域的形状不会达到圆形，因此形状因子的值不会大于 0.79。分水岭的延长性与形状因子的大小成反比，形状因子值越小，分水岭的延长性越好。研究表明，高形状因子的流域中出现了持续时间较短的较高峰值流量。根据公式计算得出的清江流域 24 个子流域的 R_f 值范围在 $0.14 \sim 0.63$ 之间（见表 2-5）。

（6）水系质地

水系质地（D_t）是所有等级水系总数（N_u）与该流域周长（P）之比。Horton（1945）认为，渗透能力是影响水系质地的唯一重要因素。根据水系质地值的大小，水系质地可分为非常粗糙（<2）、粗糙（2~4）、中等（4~6）、精细（6~8）和非常精细（>8）五类。清江流域 24 个子流域的水系质地值最大的为 SW1（1.50），最小的为 SW21（0.42），所有子流域的水系质地均属于非常粗糙这一类别（见表 2-5）。

（7）紧度系数

紧度系数（C_c）用于反映流域的实际周长与同流域面积相等的圆形区域周长之间的关系。清江流域 24 个子流域的 C_c 值最小的为 SW5（1.46），最大的为 SW16（3.67）。

（8）流域长度

流域长度（L_b）是指从流域出水口到流域边界上最远点的长度。利用 GIS 测距功能，确定清江流域 24 个子流域的 L_b 值最小的为 SW19（15 km），最大的为 SW12（113 km）（见表 2-5）。

表 2-5　清江流域 24 个子流域的面状特征

子流域	A/km^2	P/km	R_e	$D_d/(km \cdot km^{-2})$	S_f	R_c	R_f	D_t	C_c	L_b/km
SW1	1202.03	284	0.54	0.72	0.35	0.19	0.23	1.50	2.33	73
SW2	173.05	94	0.59	0.77	0.29	0.25	0.28	0.53	2.03	25
SW3	148.87	73	0.76	0.61	0.31	0.35	0.46	0.63	1.70	18
SW4	230.32	105	0.78	0.71	0.40	0.26	0.48	0.87	1.97	22
SW5	154.17	64	0.78	0.71	0.36	0.47	0.48	0.88	1.46	18
SW6	441.90	156	0.66	0.70	0.42	0.23	0.34	1.18	2.11	36
SW7	415.40	176	0.62	0.67	0.36	0.17	0.30	0.84	2.45	37
SW8	129.53	90	0.54	0.67	0.30	0.20	0.22	0.43	2.25	24
SW9	606.99	200	0.77	0.68	0.34	0.19	0.47	1.02	2.31	36
SW10	228.52	133	0.63	0.77	0.40	0.16	0.31	0.68	2.50	27
SW11	350.62	161	0.62	0.72	0.32	0.17	0.30	0.70	2.44	34
SW12	2020.02	524	0.45	0.71	0.33	0.09	0.16	1.25	3.31	113
SW13	310.83	162	0.49	0.73	0.34	0.15	0.18	0.65	2.61	41
SW14	244.44	141	0.59	0.70	0.37	0.15	0.27	0.64	2.56	30
SW15	353.47	153	0.73	0.79	0.33	0.19	0.42	0.76	2.31	29
SW16	1418.33	486	0.62	0.76	0.32	0.08	0.30	0.92	3.67	69

续表

子流域	A/km^2	P/km	R_e	$D_d/(km \cdot km^{-2})$	S_f	R_c	R_f	D_t	C_c	L_b/km
SW17	1276.04	287	0.71	0.71	0.28	0.19	0.39	1.24	2.28	57
SW18	582.32	300	0.42	0.71	0.28	0.08	0.14	0.54	3.53	65
SW19	111.75	81	0.80	0.71	0.34	0.21	0.50	0.47	2.18	15
SW20	1244.46	305	0.83	0.76	0.32	0.17	0.54	1.32	2.46	48
SW21	179.51	124	0.49	0.66	0.29	0.15	0.19	0.42	2.63	31
SW22	904.38	231	0.89	0.70	0.34	0.21	0.63	1.35	2.18	38
SW23	232.56	127	0.57	0.72	0.38	0.18	0.26	0.70	2.37	30
SW24	471.96	222	0.57	0.69	0.36	0.12	0.26	0.77	2.90	43

2.3.4　起伏度特征

（1）总高差

总高差（H）也称流域总起伏度，可以将其定义为流域最高点和最低点之间的垂直距离/水位差。流域总起伏度与流域内水系的坡度有关，进而影响土壤侵蚀速率。清江流域 24 个子流域的总起伏度值最小的为 SW3（964 m），最大的为 SW7（2076 m）。SW1、SW5、SW6、SW7 的总起伏度均超过了 2000 m，表明该地区极易发生水土流失（见表 2-6）。

（2）起伏度比值

起伏度比值（R_h）是指流域总起伏度与流域长度之比。它通过将流域总起伏度除以流域长度来消除尺寸效应的影响。起伏度比值越大，表明流域干流越陡，堤岸的侵蚀速率就越大，河道的输沙能力也就越强。清江流域 24 个子流域起伏度比值在 13.48 m/km（SW12）到 114.00 m/km（SW5）之间变化（见表 2-6）。

（3）相对起伏度

相对起伏度（R_r）是指流域总起伏度与流域周长之比。R_r 值越大，表明该流域内水系对土壤的侵蚀能力越强。清江流域 24 个子流域相对起伏度值在 2.91 m/km（SW12）到 32.06 m/km（SW5）之间变化（见表 2-6）。

表 2-6   清江流域 24 个子流域的起伏度特征

子流域	H/m	$R_h/(m \cdot km^{-1})$	$R_r/(m \cdot km^{-1})$
SW1	2017	27.63	7.10
SW2	1021	40.84	10.86
SW3	964	53.56	13.21
SW4	1778	80.82	16.93
SW5	2052	114.00	32.06
SW6	2074	57.61	13.29
SW7	2076	56.11	11.80
SW8	1967	81.96	21.86
SW9	1932	53.67	9.66
SW10	1698	62.89	12.77
SW11	1622	47.71	10.07
SW12	1523	13.48	2.91
SW13	1112	27.12	6.86
SW14	1272	42.40	9.02
SW15	1036	35.72	6.77
SW16	1452	21.04	2.99
SW17	1603	28.12	5.59
SW18	1525	23.46	5.08
SW19	1335	89.00	16.48
SW20	1583	32.98	5.19
SW21	1231	39.71	9.93
SW22	1833	48.24	7.94
SW23	1782	59.40	14.03
SW24	1835	42.67	8.27

2.4　基于形态计量学参数的子流域的优先级

2.4.1　优先级计算

对清江流域不同子流域所开展的形态计量分析，可以为流域管理提供基础信息。形态参数分析对识别和确定地下水潜力区和高侵蚀速率区具有重要意义。为了确定流域内子流域治理的优先顺序，需要根据形态参数（线性、面状和起伏度）的相应值对子流域进行优先级排序。这种基于形态学参数的排序方法称为流域优先级分析。

水系密度（D_d）、水系频率（S_f）、分叉比（R_b）和水系质地（D_t）等特征参数与地表径流速度和排泄能力成正比，因此这些参数数值最大的子流域优先级排名第一，其次排名第二，依此类推。而延长比（R_e）、圆度（R_c）、形状因子（R_f）和紧度系数（C_c）等面状特征参数与地表径流和排泄能力成反比，因此这些参数数值最小的子流域优先级排名第一，其次排名第二，依此类推。由于总高差（H）、起伏度比值（R_h）和相对起伏度（R_r）等起伏度特征参数与排泄能力成正比，因此这些参数数值最大的子流域优先级排名第一，其次排名第二，依此类推。最后，将所有排序值求和，得到综合排序值。根据综合排序值的排名对子流域的综合等级值进行排序（见表 2-7），综合排序值最大的子流域（即最终排序为 1 的子流域）就是地表径流速度最小、地下水资源最丰富的流域。

表 2-7　清江流域各子流域优先级及其排序

子流域	D_d	S_f	R_c	R_f	R_e	R_b	H	R_h	R_r	D_t	C_c	综合排序值	最终排序
SW1	9	9	13	6	6	10	4	20	17	1	12	9.73	22
SW2	2	22	21	10	10	1	23	15	10	21	4	12.64	12
SW3	24	19	23	18	18	24	24	10	7	19	2	17.09	1
SW4	14	3	22	21	21	17	10	4	3	10	3	11.64	16
SW5	10	6	24	20	20	21	3	1	1	9	1	10.55	18
SW6	17	1	20	15	15	6	2	7	6	6	5	9.09	23

子流域	D_d	S_f	R_c	R_f	R_e	R_b	H	R_h	R_r	D_t	C_c	综合排序值	最终排序
SW7	21	8	10	13	13	7	1	8	9	11	15	10.55	19
SW8	22	20	17	5	5	2	5	3	2	23	8	10.18	21
SW9	20	13	15	19	19	4	6	9	13	7	10	12.27	15
SW10	3	2	8	14	14	15	11	5	8	16	17	10.27	20
SW11	8	17	11	12	12	14	12	12	11	14	14	12.45	13
SW12	12	15	3	2	2	20	16	24	24	4	22	13.09	10
SW13	6	11	6	3	11	21	21	18	17	19	12.36	14
SW14	18	5	7	9	9	9	19	14	14	18	18	12.73	11
SW15	1	14	14	17	17	8	22	17	19	13	11	13.91	8
SW16	5	18	1	11	11	13	17	23	23	8	24	14.00	7
SW17	11	24	16	16	16	1	13	19	20	5	9	15.00	3
SW18	13	23	2	1	1	23	15	22	22	20	23	15.00	4
SW19	15	12	19	22	22	3	18	2	4	22	6	13.18	9
SW20	4	16	9	23	23	18	14	18	21	3	16	15.00	5
SW21	23	21	5	4	4	22	20	16	12	24	20	15.55	2
SW22	16	10	18	24	24	19	8	11	16	2	7	14.09	6
SW23	7	4	12	8	8	12	9	6	5	15	13	9.00	24
SW24	19	7	4	7	7	5	7	13	15	12	21	10.64	17

由表 2-7 可知，SW3 具有最高优先级（综合排序值为 17.09），SW23 的优先级最低（综合排序值为 9.00）。流域水源靶区的选择应从优先级靠前的子流域开始，顺序进行；而水土流失方面的治理工作应从优先级靠后的子流域开始，倒序进行。

2.4.2 有效性检验

为了验证流域优先级与地下水资源潜力区的关系，本书采用 2019 年至 2020 年地下水水位统一测量资料中的泉流量信息对子流域的优先级进行检验。本研究团队曾分别于 2019 年 7 月、2020 年 12 月在清江流域开展地下水水位统一测量工作，对清江流域的主要泉点的泉流量进行了丰水期和枯水期两期调查。其中，2019 年共统测 227 个泉点，泉流量范围为 0.01～6650 L/s；2020 年共统测 124 个泉点，泉流量范围为 0.01～3590 L/s。将这些泉点按照流量分成<10 L/s，10～100 L/s，100～1000 L/s，>1000 L/s 四个类别，以圆圈大小表示泉流量大小，在 ArcGIS 中绘制生成泉点分布图层，并将其叠加在优先级图层之上，如图 2-8 所示。

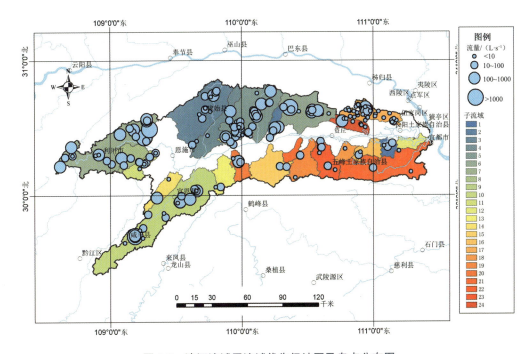

图 2-8　清江流域子流域优先级地图及泉点分布图

由图 2-8 可知，优先级靠前的流域主要分布于源头至资丘段的清江上、中游地区，如清江流域北部的 SW15～SW22，清江流域内流量超过 100 L/s 的泉点绝大多数都分布在这些地区。与此产生强烈对比的是，清江下游地区北岸的 SW23～SW24，以及南岸的 SW1、SW3～SW11 很少有大流量的泉点出露。这表明，流域优先级与地下水潜力区有良好的对应关系。由图 2-8 还可知，清江流域的地下水资源分布差异较为明显，其中清江中游北岸地区水资源最为丰富，上游次之，清江下游以及南岸地区水资源最少。

根据 Strahler（1964）的分级规则，在 GIS 软件中设定 1 级水系的长度（称为阈值）是生成水系网络的前提。利用 GIS 软件提取河网水系时，1 级水系的阈值具有较强的随机性。一些学者采用将 GIS 软件提取的水系与卫星图片进行对比的方法，不断调整 1 级水系阈值的大小，使 GIS 软件生成的水系与卫星图片上的河流长度相当。但是这一方法仅适用于干旱半干旱地区，在以清江流域为代表的岩溶区并不适用。因为南方植被覆盖率较高，即使拿到高精度卫星图片，也难以判断哪些河流为常年性河流。此外，在自然条件下，河流长度会随着丰水期和枯水期的交替而发生变化。由于不同学者选择的水系阈值差别较大，因此得出的水系等级、水系数量、水系长度、水系长度比值等也千差万别。本研究所得到的一些有量纲的参数并不能直接与同行学者的数据进行对比。但是，无量纲的参数不受阈值的影响。由于优先级分析排序是依据不同参数的排名得到的，因此不同学者关于优先级分析的结果也是可以用来对比的。

对于资料获取困难或资料匮乏的地区，采用 GIS 技术对研究区进行水系形态计量学分析，是快速获取该地区的水系形态特征、径流强度以及水土侵蚀状况的有效手段。本研究通过 ASTER GDEM 对清江流域的坡向和坡度，以及 24 个子流域的 6 个线性特征、8 个面状特征和 3 个起伏度特征进行分析，并据此确定优先级。通过对比野外统测资料可以发现，清江流域的优先级与地下水资源潜力区有较好的对应关系。优先级高的子流域主要位于清江上、中游北岸地区，而清江下游地区水系，以及南岸的 SW1、SW3～SW11 优先级较低。采用该方法，可以快速地获取山区和偏远灾区的地下水潜力区范围，同时可为流域的水土流失治理、水利工程建设、寻找水源等工程提供帮助。

第 3 章　信息化建模技术

在确定好河流子流域的优先级后，可识别地下水资源潜力区位置，并根据物理勘探中电法勘探的结果选定施工水井的井位。在正式施工前，还需要开展大量的前期准备工作，主要是利用 Autodesk Revit 对水井施工的过程进行仿真分析，剖析在复杂地质条件下水文地质钻孔成井、固井过程中面临的工程进度模拟、质量控制等问题。采用 GRASS GIS、ArcGIS、3DS-Max 等软件，结合 VR 技术搭建水文地质钻孔快速成井信息平台，根据水文地质钻井工程特点，研究不同地质条件下水井钻孔的成井、固井配套方案，基于优化算法，建立水井施工信息化动态模型。

3.1　水井结构设计

为了满足山区和边远灾区的应急供水需求，提高钻井施工效率，需要事先面向多种灾害情景，在综合考虑地质构造背景的基础上，制订相应的水井施工方案。为此，项目组选择了 12 种常见水井结构作为备选方案，如图 3-1 所示。

(1) 备选水井结构要求

备选水井结构至少需要满足以下几个方面的要求：

① 需要隔绝含有污染物或者有害物质的地层；

② 水井出水率、单位出水量、浊度等指标达标；

③ 所使用的材料满足长期开采需求，并且适应不同的施工场景。

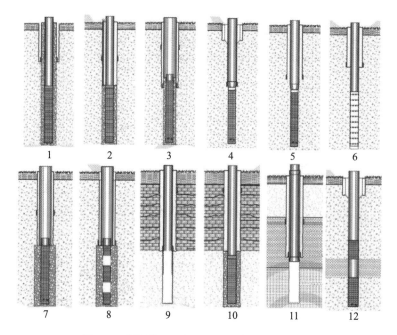

图 3-1　选取的 12 种不同的水井结构的剖视图

（2）水井结构设计内容

水井结构设计内容包括孔径（开孔直径、终孔直径）、钻孔深度、钻孔垂直度、冲洗液类型、止水和封孔等。

① 孔径：水井孔径随钻孔勘探目的不同而异。勘探孔孔径一般在 200 mm 以下；试验孔和探采孔孔径一般都比较大，通常松散层孔径在 400 mm 以上，基岩层孔径在 200 mm 以上；观测孔孔径比较小，通常松散层孔径在 200 mm 以下，基岩层孔径在 150 mm 以下。

② 钻孔深度：要求钻穿有供水意义的主要含水层（组）或含水构造带（岩溶发育带、断裂破碎带、裂隙发育带等）。

③ 钻孔垂直度：应保证井壁管、过滤器顺利安装和抽水设备正常工作。

④ 冲洗液类型：冲洗液应适应含水层的情况并满足钻探的要求。基岩中的勘探钻孔，常采用清水作为冲洗液；松散层中的勘探钻孔，根据含水层情况和勘探的要求，一般采用清水水压钻进（以清水作为冲洗液）或用泥浆钻进（以泥浆作为冲洗液）。采用泥浆钻进时，宜选用利于护孔、不污染含水层、易于洗井的优质泥浆冲洗液。针对山区和边远灾区抢险的实际情况，推荐采用气动潜孔锤跟管钻进工艺。该工艺主要具有如下优势：采

用高压空气将岩屑吹出钻孔，可以大幅减少洗井作业时间，让人们快速用上干净的地下水；气动潜孔锤工艺可以快速破碎鹅卵石，避免出现传统钻头因卡住鹅卵石而无法正常工作的现象，极大地提高钻进速率。此外，采用泥浆作为冲洗液，需要根据地层岩性的不同配制冲洗液黏度，对操作人员的经验要求较高。而采用空压机供应高压空气吹洗，只需调节供气压力即可，方便快捷，对操作人员的个人经验要求较低。

⑤ 止水和封孔：勘探钻孔检查各含水层（带）的水位、水质、水温、透水性，或者对某含水层进行隔离时，须进行止水处理。勘探钻孔获取资料后，若钻孔没有其他用途，则要进行封孔处理。封孔是为了避免含水层中的水互相串通而导致地下水受到污染或承压水遭到破坏。在主要含水层的顶底板，封闭层要超过顶底板 5 m。在一般压力的含水层，可采用黏土封闭；在高压含水层或下部有开采的矿床，则要用水泥封闭。对可能受到地表水污染的钻孔，孔口要用水泥封闭。

3.2　构建增强现实沙盘

常见的沙盘多为功能单一的演示性沙盘，缺少互动功能。鉴于沙盘在态势分析、全局路径规划及可视化指挥等方面均有非常重要的作用，为了指导应急抢险救灾过程中的钻机转场路径优选及施工场地规划，节约应急抢险时间，本书提出构建基于增强现实技术的沙盘。

本书拟采用基于开源软件 GRASS GIS 平台的实体互动沙盘技术，构建模拟沙盘，实现交互式地形实体建模、最优路径自动选择以及 VR 技术支持下的模拟场景构建等功能。

增强现实沙盘主要由软件和硬件两部分组成。其中，软件主要包括 Ubuntu 18.04 操作系统和 GRASS GIS 等；硬件主要包括电脑、投影仪、屏幕/VR 设备、三维传感器、支架、周边设备、建模材料（动力沙）等（见表 3-1）。

表 3-1　增强现实沙盘所需平台、程序与硬件

平台	程序		硬件	
	程序名	功能	类型	产品
支持 Mac 和 Linux	libfreenect2	Kinect v2 驱动程序	电脑	显卡 NVIDIA GeForce GTX 1060 以上配置，内存 8 G 以上
	PCL	点云数据处理程序	投影仪	Optoma ML750
	GRASS GIS 7	地理信息系统平台	屏幕/VR 设备	Oculus Rift S
	Blender+BlenderGIS 插件	三维建模和相关插件	三维传感器	Xbox One Kinect 及适配器
	grass-tangible-land-scape	GRASS GIS 界面交互	支架	40 寸 C 型支架（魔术腿）及相关配件
	r. in. kinect	向 Kinect 导入数据	周边设备	HDMI 线缆及延长线
	tangible-landscape-immersive-extension	从交互式地形导入和渲染三维物体	建模材料	动力沙（太空沙）

增强现实沙盘模型原理图如图 3-2 所示。

图 3-2　增强现实沙盘模型原理图

首先把沙盘模型放在桌子上，将 Kinect 传感器安装在与 C 型支架（魔术腿）相连的壁板上，并调整 C 型支架的高度，使 Kinect 传感器在沙盘模型上方 0.7~1.0 m 处。然后将投影机安装在与另一个支架相连的壁板上，将Kinect 传感器和投影仪连接到计算机上。使用时，先利用 Kinect 2.0 中自带的 3D 传感器和颜色传感器，扫描获取沙盘高程和颜色信息，再利用 GRASS GIS 的互动沙盘插件进行数据处理，生成 DEM 数据，最后借助项目组编写的程序实现 VR 眼镜、Blender 软件以及电脑之间的数据交换，并生成虚拟现实场景（见图 3-3、图 3-4）。

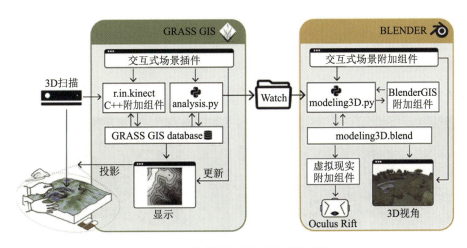

图 3-3　实体增强现实沙盘的软件架构

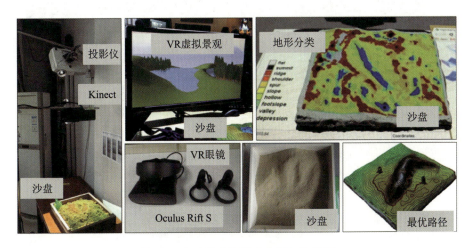

图 3-4　互动沙盘实验室内部初步模拟

增强现实沙盘所用材料方便易得，搬运和搭建过程十分简便，便于在野外应急抢险条件下使用。

3.3 野外地形沙盘模型制作

3.3.1 利用交互式沙盘制作野外地形沙盘模型

在获取野外地形信息并得出相应的 DEM 数据之后，可以使用太空沙，利用交互式沙盘来制作野外地形沙盘模型（见图 3-5）。首先，将野外实地获取的 DEM 数据投影到桌子上，利用 Kinect 传感器扫描生成沙盘的地形 DEM 数据。然后，利用软件计算二者的差值，并将该差值投影至沙盘之上，以便实时了解需要添加或去除沙子的位置，为修正沙盘提供参考。

(a) 未雕刻的沙盘

(b) 降低红色区域的沙子高程，减小差异

(c) 差异变小

(d) 模型构建完毕

图 3-5 利用交互式沙盘制作野外地形沙盘模型
注：与 DEM 影像相比，蓝色表示此处地势太低，红色表示此处地势太高。

3.3.2 利用数字制造技术制作野外三维地形沙盘模型

利用数字制造技术（如计算机数控制造或 3D 打印）可以构建精确的物

理 3D 模型（见图 3-6）。将得到的 3D 模型与沙子压实在一起，可翻模出野外三维地形沙盘模型，用于进一步分析。

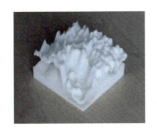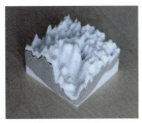

图 3-6　利用 3D 打印技术制作野外三维地形沙盘模型

3.4　水井钻机转场的路径优选

在山区及边远灾区应急供水情景下，单口水井出水量通常无法满足抢险供水需求，因此需要施工多口水井。

针对山区及边远灾区应急供水施工水井个数较多且分散在不同地区的现实情况，需要对施工转场路径进行优选，提高钻机转场效率，以期在最短的时间内完成所有钻孔的施工作业。

最短路径规划是地理信息系统网络分析中最基本、最关键的问题之一，它在交通网络结构分析、交通运输线路选择、通信线路建造与维护、运输货流最低成本分析、城市公共交通网络规划等方面都有直接的应用价值。

关于最短路径问题，目前公认的最佳求解方法是 1959 年由 E. W. Dijkstra 提出的标号法。本书基于 GRASS GIS 软件中的 r. geomorphon 插件展示研究区的地形分类情况，利用 r. slope. area 和 r. cost 插件分析钻机转场的最优路径，并借助 Blender 软件，利用 Python 语言撰写相关代码，实现 VR 眼镜（Oculus Rift S）与 GRASS GIS 软件的情景渲染功能。在虚拟现实技术的辅助下，用户可以通过 VR 眼镜查看钻机转场路线沿途的情况。

3.4.1　路径构建过程

为了确定水井钻机最佳转场路线，需要计算地形上两点之间的最低成本路径。首先，创建一个表示摩擦的成本面——穿过一个单元格所需的额外时间。然后，指定航点，即希望路径通过的点。对于唯一的航点，先使用 r.walk 模块根据徒步时间规则计算穿过地形和摩擦面的各个点的累积成本，再计算这个累积成本面上各点之间的最低成本路径。最后，所有成本最低的路径组合成一个潜在路由网络，用来确定通过该网络的最佳路线。

3.4.2 最短路径分析

通过最低成本路径分析，可以确定累积成本面上各像元和目标位置之间最具成本效益的路线。成本面是表示穿越像元的成本的栅格，可以作为距离、坡度、土地覆盖或其他相关函数导出。为了找到单元格与指定位置的最低成本路径，需要先计算累积成本面，其中每个单元格包含遍历区域中每个单元格和目标位置之间的空间的最低累积成本。此外，还需要生成一个运动方向栅格，以跟踪创建累积成本面的运动。

① 根据 Naismith 步行时间规则计算步行成本栅格，并进一步调整特定斜坡间隔的成本。仅考虑高程表面穿过网格单元的摩擦成本（表示为以 s 为单位的时间 T），具体计算如下：

$$T = a \cdot \Delta S + b \cdot \Delta H_u + c \cdot \Delta H_{md} + d \cdot \Delta H_{sd} \tag{3-1}$$

式中，ΔS 为水平距离；ΔH 为高程差；a 为水平地面行走时间；b 为高程增加 ΔH_u 之后所对应增加的行走时间；c 为缓坡上高程降低 ΔH_{md} 之后所对应增加的行走时间（常为负值）；d 为陡坡上高程降低 ΔH_{sd} 之后所对应的行走时间。

考虑到土地覆盖条件，总成本 T_{total}（以 s 为单位估计）为引入无量纲权重 λ 的运动和摩擦成本的线性组合：

$$T_{total} = T + \lambda \cdot F \cdot \Delta S \tag{3-2}$$

式中，F 为摩擦力，m/s。

式（3-2）表示基于土地覆盖条件，在给定单元内步行 1 m 所需的额外时间（以 s 为单位）。首先，利用式（3-2）计算累积成本面，其中每个单元格包含遍历区域中每个单元格和目标位置之间的空间的最低累积成本。然后，生成移动方向栅格以跟踪创建累积位移量。最后，根据累积位移栅格和移动方向栅格计算研究区域中任意点与目标位置之间的最低成本路径。

② 使用最低成本路径分析，在给定的点之间创建许多路线组合，通过网络分析找到以最佳顺序通过所有给定点的路径环路。

在规划路径时，我们通常对路径的平均坡度和最大坡度感兴趣。为了计算路径方向的坡度值，首先需要确定路径的方向（可通过路径的向量表示推导出来），然后确定路径的坡度。沿着路径 β_t 的坡度等于最陡坡度 $\tan \beta$ 乘上路径方向 α_t 与最陡坡方向 α（即坡向）之间夹角的余弦值，即

$$\tan \beta_t = \tan \beta \cos (\alpha - \alpha_t) \tag{3-3}$$

不同路径的坡度差异由图 3-7 可见，其中沿着等高线的部分路径具有非常低的坡度值，但在最陡坡的方向具有较大的坡度值。

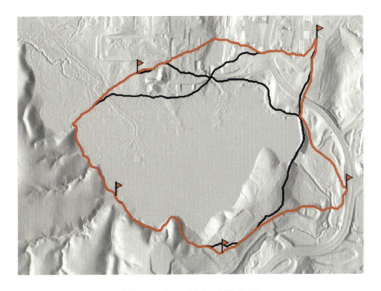

图 3-7 潜在路径网络分析

注：图中黑线代表潜在路线，红线代表连接所有点的最低成本效益的路线组合。

3.5 实时 3D 渲染和沉浸式体验功能的实现

将 GRASS GIS 与 3D 建模渲染程序 Blender 配对，可以实现实时 3D 渲染和沉浸式体验功能。当用户操作实体模型时，地理空间分析和模拟被投影到实体模型上，透视图几乎实时地在监视器和头戴式显示器（HMD）上真实呈现。用户使用鸟瞰图或透视图可近乎实时地可视化他们所做的更改。

3.5.1 模型构建过程

Blender 和 GRASS GIS 通过本地网络进行连接并相互传输信号。首先，

GRASS GIS 将空间数据作为标准栅格、矢量或包含坐标的文本文件导出到指定目录中。空间数据包括地形（栅格）、水体（3D 多边形或栅格）、森林斑块（3D 多边形）、相机位置（3D 折线、文本文件）和路径（3D 折线）等。然后，在 Blender 中使用 modeling3D. py 插件持续监控目录以获取传入信息的功能。接着，使用 BlenderGIS 插件导入文件，并且更新现有 3D 对象或创建的新 3D 对象的相关建模和着色程序。Blender 文件（modeling3D. blend）包含场景中的所有 3D 元素（即对象、灯光、材质和相机）。

GRASS GIS 实时监控扫描到的文件，并通过对比扫描前后所得到的文件的差异更新模型。该过程中的文件监控功能是通过 Blender 的模态计时器操作符（modal timer operator）实现的。图 3-8 所示代码片段演示了模态计时器函数的结构。被监控的文件夹每秒会被检查一次，当检测到地形（如 terrain. tif）数据时，相应的模块会更新地形模型。

```
def modal( self, context, event) :
if event. type in { "RIGHTMOUSE" , "ESC" } :
return { "CANCELLED" }
if event. type = = "TIMER" :
ifself. _timer. time_duration ! = self. _timer_count :
self. _timer_count = self. _timer. time_duration
fileList = ( os. listdir( watchFolder) )

if terrainFile in fileList :
adapt( ). terrain( )
# execute the timer for the first time
def execute( self, context) :
wm = context. window_manager
wm. modal_handler_add( self)
self. _timer = wm. event_timer_add( 1, context. window)
return { "RUNNING_MODAL" }
def cancel( self, context) :
wm = context. window_manager
wm. event_timer_remove( self. _timer)
```

图 3-8   部分关键代码

3.5.2　不同地物模型的构建流程

（1）地形

物理地形模型的实体操作可以通过数字高程模型从 GRASS GIS 传达到 Blender。物理地形模型可迭代导入，与现有 3D 地形交换并进行着色。其导入速度取决于光栅的分辨率。如果地形模型的操作在涉及添加对象（例如种植树木）的其他任务之后进行，则应用额外的收缩包裹步骤将所有地上对象重新覆盖到新地形上。

地形特征建模过程如图 3-9 所示。具体步骤如下：

① 检查 bpy. data 以确定场景中是否已存在地形对象（bpy 是 Blender 的 Python API，bpy. data 是 bpy 的子模块）。如果已存在，则将其删除。

② 导入新的地形栅格。

③ 将导入的特征转换为 Mesh 对象。这种转换可以在后续步骤中进一步修改地形。

④ 为地形对象添加侧边。条纹增强了鸟瞰模式下地形的外观对比度。

⑤ 将"草地"材质分配给地形，将"灰尘"材质分配给边缘。

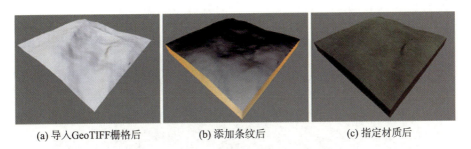

(a) 导入GeoTIFF栅格后　　　　(b) 添加条纹后　　　　(c) 指定材质后

图 3-9　地形特征建模过程

（2）水体

当用户雕刻实体模型时，GRASS GIS 中的洼地填充算法（r. fill. dir）可以模拟湖泊和池塘等水体特征。这些要素可以导出为 3D 多边形或 GeoTIFF。建议使用分辨率较高的栅格来最小化导入要素的外边界与盆地之间的凸起边缘或间隙。

水体特征建模过程如图 3-10 所示。具体步骤如下：

① 检查水体是否已经存在。如果已存在，则将其删除。

② 导入水栅格（见图3-10a）。

③ 将"水"材质分配给水对象，"草地"材质分配给地形（见图3-10b）。

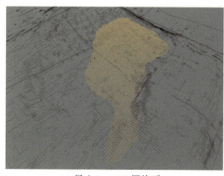

(a) 导入GeoTIFF栅格后　　　　　(b) 指定"水"和"草地"材质后

图 3-10　水体特征建模过程

（3）森林斑块

用户可以使用毛毡片对树木斑块进行模拟，或使用彩色木块代表单个物种。森林斑块在 GRASS GIS 中扫描和分类，并作为 3D 多边形导出到 Blender。在 Blender 中，根据树木的分布情况，导入树模型（见图3-11）。

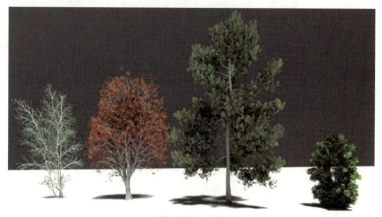

(a) 单个树的3D模型

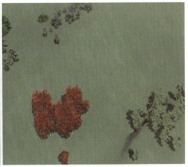

(b) 导入后补丁的线框表示　　　(c) 应用粒子系统修改器的补丁

图 3-11　导入多边形特征并基于补丁分类填充四种类型的树

（4）路径

路径可以使用标记（见图 3-12a）实体建模并导出为 3D 折线。在 Blender 中，路径的预定义轮廓使用斜角修改器（见图 3-12b）沿着导入的特征挤出。为了更好地挤出急弯和曲线，在导出前应使用 v. generalize 命令平滑 GRASS GIS 中的 3D 折线。

(a) 在线框显示中显示为曲线对象　　　(b) 使用T剖面曲线应用斜角修改器
　　　并导入多段线特征　　　　　　　　　后的路径

图 3-12　路径特征建模过程

第4章 应急水源成井钻机关键技术与装备

4.1 应急水源成井钻机工作原理及主要参数

4.1.1 应急水源成井钻机工作原理与作业流程

应急水源成井钻机主要用于应急水源水井快速钻孔和桩孔钻进，主要组成部分包括桅杆系统、回转机构、液压绞车、钻臂变幅装置、孔口装置、调平用液压支腿、操纵台、钻机平台和履带行走装置。钻机成井作业前，先通过柴油机驱动液压泵运转，为整个液压系统提供压力油源，接着操作行走手柄使钻机行驶到指定的钻孔位置。为保证钻机正常行驶，需要利用张紧油缸对履带进行张紧，使履带垂度值保持在 50～70 mm。图 4-1 所示为应急水源成井钻机的工作模式与行走模式。

应急水源成井钻机处于工作模式时，首先通过钻臂变幅装置调整桅杆至竖直状态，使钻杆轴线与定位井口中心位置对接。钻井作业主要包括钻进过程和提升过程两个步骤，回转机构与桅杆系统内给进机构的共同作用为成井钻孔工艺提供旋转扭矩和轴向钻压、提升力。钻进过程中，钻头首先在卷扬机构的作用下调整垂直高度直至接触地面，随后通过加压油缸为钻头提供向下的压力，同时动力头马达带动钻头旋转。提升过程则与钻杆钻进过程的运动顺序相反，当钻斗内碎土容量达到饱和后，加压油缸缩回，卷扬机构同步提升钻杆至一定高度，完成钻斗卸土及加装钻杆的步骤。通过多次循环下钻和提钻作业后，钻机钻进至指定深度，完成成井作业。之后，通过操纵台控制机器行走至下一指定位置，重复上述流程继续作业，直到应急水源成井作业全部完成。应急水源成井钻机作业流程如图 4-2 所示。

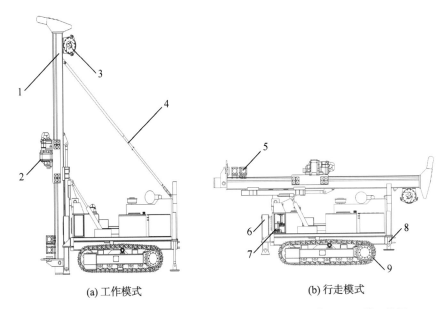

(a) 工作模式　　　　　　　　　　　(b) 行走模式

1—桅杆系统；2—回转机构；3—液压绞车；4—钻臂变幅装置；5—孔口装置；
6—调平用液压支腿；7—操纵台；8—钻机平台；9—履带行走装置。

图 4-1　应急水源成井钻机工作模式与行走模式

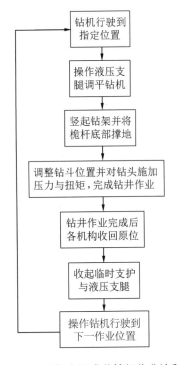

图 4-2　应急水源成井钻机作业流程

4.1.2 应急水源成井钻机主要工作参数

(1) 工况系数

应急水源成井钻机多在山区和边远灾区工作，为满足山区地下水层深度从几十米到几百米不等的长钻孔施工需求，钻机要能提供大扭矩、大给进起拔力并具有高可靠性。由于应急水源成井钻机使用柴油机作为动力源，通过液压系统传递能量，以柔性传动的方式输出动力，因此整体工况系数定为 1.25。其中，动力头作为成井作业过程中的主要部件，受冲击严重，工况系数定为 1.75。

(2) 钻机转速

钻机的转速通常根据具体工作需求进行调整，需要考虑井眼直径、岩层数、钻头直径、泥浆性质、岩石硬度等因素。在实际操作中，一般会通过不断调整转速，使得钻头既能有效地切削岩石，又不至于发生卡钻或者因过度摩擦而产生高热的现象。钻进作业时，钻头直径和岩层普氏系数越大，钻机最优转速就越小，最优转速和钻头直径、岩层普氏系数的关系可以表示为

$$n_0 = \frac{c}{f\sqrt{D_b}} \tag{4-1}$$

式中，n_0 为钻机最优转速，r/min；c 为钻头切削岩石速度常数；f 为岩层普氏系数（应急水源成井钻机工作介质以松散层和基岩为主，$f=9$）；D_b 为钻头直径，mm。

查阅资料显示，钻头切削岩石速度常数通常在 2800~6050 范围内取值，根据设计人员经验，本书取值为 6050。应急水源成井钻机采用气动潜孔锤钻进或跟管钻进工艺，钻进口径一般取值范围为 110~300 mm，本书选取钻孔直径 110 mm。潜孔锤可钻的最大孔径为潜孔锤标称直径加上 25 mm，因此在钻取最大孔径为 110 mm 的钻井时，为保留足够的钻屑排出空间，可以选用标称直径为 85 mm 的气动潜孔锤。

将这些数据代入式 (4-1)，计算出钻机额定转速为 $n=73$ r/min。根据钻进系统的工况系数，为确保钻机运行的可靠性与安全性，最终取额定转速为 100 r/min。

（3）钻机钻进速度

应急水源成井钻机钻进速度的大小受到包括钻头类型和尺寸、地层条件等因素的影响，在实际成井作业过程中，应根据具体情况确定合理的钻进速度。钻进过快或过慢均可能导致卡钻，从而增加时间成本，并影响操作安全性。钻机钻进速度可以表示为

$$v_z = n \cdot \frac{60c}{\pi D_h f} \cdot h^2 \tag{4-2}$$

式中，v_z 表示钻进速度，r/min；h 表示钻机截深，mm。

（4）钻机截深

钻机截深是指成井作业过程中钻头沿着钻进方向每转的钻进量，钻头通过螺旋状的运动进行钻削，而每次转动对刀片的受力和钻孔形状都会有很大的影响，当钻进量较大时，刀片和钻头母体的磨损严重，使用寿命缩短。由于在山区和边远灾区作业时钻机搬迁、维护保养的难度较大，因此要求应急水源成井钻机在不更换主要零件的情况下能持续工作 10000 h，即预计两年内可不进行大修。通过查阅相关参考资料可知，现有理论和实验数据均表明在岩石普氏系数为 6~7 的岩层中，钻机最合理的截深为 2 mm。

（5）功率

钻机钻进系统在进行钻探作业时所需功率可表示为

$$P = \frac{\pi D_b^2}{4} \cdot f \cdot \xi \cdot v_z \tag{4-3}$$

式中，ξ 为比例常数，查阅资料得 $\xi = 2.8 \times 10^{-2}$（kg·m）/min。

将各参数取值代入式（4-3），并考虑钻进系统的整体工况系数，解得 $P = 39.2$ kW。

（6）扭矩

锚杆钻机的扭矩为

$$T = \frac{9550P}{n} \tag{4-4}$$

将各参数取值代入式（4-4），并考虑到钻进系统的整体工况系数为 1.25，取 $T = 4042 \sim 8084$ N·m 作为钻机的回转扭矩。表 4-1 为钻机在岩石普氏系数为 6~7 的岩层中对应的最优转速。

表 4-1 不同岩石普氏系数下的最优转速

钻头直径 $D_b = 85$ mm

岩石普氏系数 f	6	7	8	9	10	11	12
转速 $n_0/(\text{r} \cdot \text{min}^{-1})$	148	127	111	100	89	81	74

（7）给进力和起拔力

钻机需要具备一定的给进力和起拔力以满足成井作业过程中的正常钻进要求，并有效应对可能发生的卡钻、孔壁坍塌等钻孔事故。应急水源成井钻机的工作环境多为山区或边远灾区，地质环境复杂，且发生钻孔事故后的救援难度大，这对成井钻机的起拔力提出了更高的要求。考虑到钻凿水井和监测井时需要达到300 m 长距离钻进深度，且需满足孔底钻压高效传递的需求，经过初步选型计算，确定应急水源成井钻机液压系统提供的给进力为59 kN，起拔力为122 kN，同时由绞车提供辅助提升力。

对于全液压履带式成井钻机而言，给进油缸的加压行程主要由履带车体的尺寸和给进、起拔能力决定，同时还要考虑钻机给进速度、钻进过程中装卸钻杆的实际需求等。较长的给进行程能够减少成井作业时倒杆操作的时间和次数，提高工作效率；但较长的给进行程会导致钻机履带车体尺寸增大，车体重量增加，从而降低钻机运输过程中的灵活性。综合考虑以上因素，将给进油缸加压的行程设定为1800 mm，在提高施工效率的同时保证钻机结构设计的紧凑性。

4.1.3　应急水源成井钻机主要技术参数选定

通过对应急水源成井钻机在不同普氏系数的岩层中作业时所需的回转扭矩和最大给进、起拔力的分析计算，结合气动潜孔锤钻进工艺和全液压履带式钻机作业要求，确定应急水源成井钻机的主要技术参数如表4-2所示。

表 4-2 应急水源成井钻机主要技术参数

名称	技术参数	
	钻孔直径	$110 \sim 300$ mm
整机	适应岩种普氏系数	$f = 6 \sim 12$
	整机质量	6500 kg
	运输外形尺寸	5.96 m×2.05 m×2.62 m（行走状态）

续表

名称	技术参数	
回转装置	回转扭矩	4042~8084 N·m
	回转转速	74~148 r/min
给进装置	加压行程	1800 mm
	给进力	59 kN
	起拔力	122 kN

4.2　全液压多功能水井钻机设计

应急水源成井钻机总体结构包括车架底盘、回转平台、变幅机构、主副卷扬机构、加压油缸、桅杆、钻杆、动力头、钻头、发动机、液压控制系统和电气系统等。以上所列部件中，部分元件可以直接选购，其他一些非标元件需要进行设计，下面将对旋冲钻进过程中的主要执行机构进行分析与设计。

4.2.1　多功能无级调速动力头设计

钻机动力头主要由气龙头、液压马达、变速箱、轴、齿轮、轴承、旋转密封等零部件组成，如图 4-3 所示。

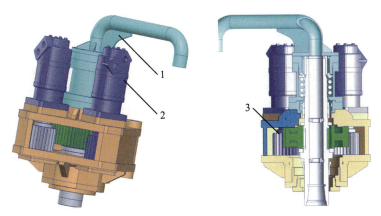

1—气龙头；2—液压马达；3—动力头箱体。

图 4-3　钻机动力头结构示意图

在成井作业过程中，动力头能够将液压能转化为机械能，为钻具提供回转扭矩和转速，是驱动孔内钻具旋转的核心部件。即动力头应当具有将液压马达输出的转速和扭矩传递到钻具上，并且匹配负载所需扭矩与转速的能力。

对气动潜孔锤滤管-套管跟进钻进各种工况进行分析，在现有成熟的动力头式钻机的基础上，对钻机动力头技术方案进行反复比较论证后，确定动力头采用双液压马达驱动，经变速箱减速后带动主轴旋转，输出转速和转矩，变速箱采用一级直齿轮减速传动。动力头传动减速原理如图 4-4 所示，传动路线为液压马达—Z_1—Z_2—主轴。

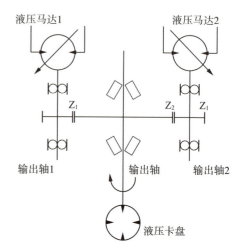

图 4-4 动力头传动减速原理图

两个液压马达同步驱动两个小齿轮，小齿轮同步驱动大齿轮，实现一级减速，小齿轮对称布置于大齿轮两侧，大齿轮通过平键将扭力传递给主轴，主轴连接钻具，从而驱动钻杆回转。另外，液压油经过一组串并联转换阀给动力头马达供油，通过油液串并联的切换使动力头实现两挡变速，每一挡都可进行无级调速。当动力头马达串联时，输出为高转速、小扭矩；当动力头马达并联时，输出为低转速、大扭矩。

（1）主要技术指标与结构组成

动力头结构形式为焊接装配式，驱动形式为双摆线马达。具体技术指标如表 4-3 所示。

表 4-3 动力头具体技术指标

技术指标	数值
最大输出扭矩/(N·m)	6000
适应环境温度/℃	−41~60
最高输出转速/(r·min⁻¹)	149

动力头详细结构如图 4-5 所示。

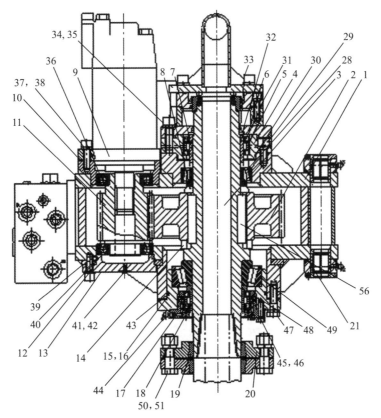

1—动力头箱体；2—大齿轮；3—主轴；4—上端盖；5—隔套；6—气龙头；
7—上耐磨套；8—上压环；9—液压马达；10—密封圈；11—齿轮轴；12—调整垫Ⅰ；
13—下轴承盖；14—下压环；15—主轴下盖；16—调整垫Ⅱ；17—下端盖；
18—下耐磨套；19—锥套；20—法兰盘；21—轴套；28，36，39，49—轴承；
29，34，37—螺钉；30，32，40，43，48—O形圈；31—轴封；33—防尘环；
35，38，46—垫圈；41—螺塞；42—组合垫；44—油杯；45，47，50，51—螺栓；56—平键。

图 4-5　动力头内部结构图（主视图）

（2）关键零部件

1）液压马达

液压马达采用伊顿盘配流摆线马达，排量为 390 mL/r。该马达采用特殊的进口轴密封组件，马达允许的最大背压可达 7 MPa，但为了获得良好的综合机械性能并延长使用寿命，建议使用背压不要超过 5 MPa。当背压超过 5 MPa 时，应通过外泄油管泄压，以保证马达内总能充满油。使用中接外泄油管，除可以保持较低的背压外，还可以将马达内产生的磨损污染带走，并产生一定的冷却效果。

液压马达具有如下结构特点：

① 端面配流式摆线液压马达；

② 镶柱式定转子参数设计，启动压力低，效率高，低速运转平稳；

③ 轴密封设计具有良好的背压承受能力；

④ 可靠的联动轴设计使马达具有较长的使用寿命；

⑤ 配流机构具有配流精度高和磨损自动补偿的特点；

⑥ 马达允许串联和并联使用，串联使用时应接外泄油管；

⑦ 采用圆锥滚子轴承支撑设计，具有较大的径向承载能力，使得马达可直接驱动工作机构。

液压马达性能参数如图 4-6 所示。

液压系统压力/bar

流量/(L·min⁻¹)	15	35	70	105	140	170	205	240	275	310
3.8	85/4	175/2	365/1							
7.5	90/19	180/18	370/17	566/16	730/14	875/12	1025/9	1195/4		
15	90/38	185/38	375/37	560/36	740/33	920/29	1080/22	1275/14	1370/5	1536/1
30	90/77	185/76	380/74	576/72	760/68	950/65	1135/55	1315/45	1455/33	1536/21
45	90/115	185/115	385/112	580/109	770/105	965/100	1150/91	1340/81	1540/79	
61	85/154	180/154	380/151	580/147	770/143	965/132	1155/126	1345/116		
76	75/193	180/193	380/189	580/187	775/182	970/175	1160/162	1355/152		
91	70/232	170/230	370/229	570/225	765/220	965/212	1155/204			
106	65/270	165/268	365/266	565/261	760/258	960/248	1150/236			
121	60/309	160/306	355/304	556/299	750/297	945/282	1145/269			
136	50/348	155/346	340/340	546/336	730/329	730/317	1130/301			
151	45/387	150/388	325/380	536/375	730/368	915/359				
189		130/482	300/475	515/469	730/460	910/449				
227			280/570	500/582	720/552	890/538				

排量/(cc·r⁻¹)		390
最大转速/(r·min⁻¹)	连续工作	387
	断续工作	570
流量/(L·min⁻¹)	连续工作	150
	断续工作	225
扭矩/(N·m)	连续工作	1155
	断续工作	1635
压力/bar	连续工作	205
	断续工作	310
参考质量/kg		30
允许最大背压/bar		70

□ 连续工作区　■ 断续工作区

注：1 bar=0.1 MPa，1cc=1 mL。

图 4-6　液压马达性能参数

动力头一级齿轮传动副参数如表 4-4 所示。

表 4-4　动力头一级齿轮传动副参数

项目	Z_1	Z_2
齿数 Z/个	21	55
模数 m/mm	5	5
分度圆直径 d/mm	105	275
齿宽/mm	100	90
螺旋角 β/(°)	0	0
中心矩 a/mm	194±0.036	194±0.036
径向变位系数 x	+0.40	+0.46
精度等级	7GJ	7HK
端面重合度 ε_α	1.495	1.495
纵向重合度 ε_β	0	0
齿顶圆直径 d_a/mm	119	289
啮合角 α'/(°)	23.03	23.03
材料	20CrMnTi	40Cr
热处理	渗碳淬火	调质，齿面淬火
质量控制	MQ	MQ

2）传动齿轮

根据钻机设计回转转速与液压马达主要技术指标，钻机在普氏系数 $f=6$ 时输出的最高转速为 $n_m = 148$ r/min，液压马达的满载输出转速为 $n_{马达} = 391$ r/min，动力头的总传动比 i 可表示为

$$i = \frac{n_{马达}}{n_m} = \frac{391}{148} = 2.64 \tag{4-5}$$

根据钻机设计参数及液压马达技术参数，可以验证传动比参数 i 满足钻机设计要求。

参考齿轮设计标准以及钻机成井作业工况需求，对从动轮进行设计。由于输出轴连接钻具，钻进过程中受到严重冲击，处于严重受冲击工况，材料选用 40Cr 材质。齿轮调制后表面采取淬火处理，参考《渐开线圆柱齿轮承载能力计算方法》（GB/T 3480—1997）中常用材料性能表，要求表面

硬度（HBW）达到170~210。从动轮齿轮设计为直齿轮，腹板处采用4个互成90°的键槽结构，输出轴与从动轮通过键连接实现转速和扭矩的传输。齿轮精度等级选用9级即可满足钻机作业需求。但为提高传动效率，本书设计钻机从动轮选用7级齿轮精度。

参考齿轮设计标准以及钻机成井作业工况需求，对主动轮进行设计。一级齿轮减速器传动齿轮副设计为硬齿面传动，材料选用20CrMnTi材质。齿轮采取渗碳淬火处理，要求表面硬度（HRC）达到40~50，其硬度高于从动轮硬度。齿轮模数 m 为5 mm，齿数 Z 为21个，压力角 α 为20°，齿轮精度为9级。

齿轮设计结构如图4-7所示。

(a) 从动轮三维图   (b) 主动轮三维图

图 4-7　齿轮设计结构

根据减速要求并参考《行星齿轮传动设计方法》（GB/T 33923—2017），经过计算选型，确定动力头一级齿轮传动副详细参数如表4-5所示。

表 4-5　动力头一级齿轮传动副详细参数

齿轮名称	齿数 Z/个	齿宽/mm	传动比 i	模数 m/mm	齿轮螺旋角 β/(°)
主动轮	21	100	2.64	5	0
从动轮	55	90			

动力头的总传动比与动力头输出扭矩 T 之间的关系可表示为

$$T = T_\mathrm{m} \cdot i \cdot \eta \tag{4-6}$$

式中，T_m 为液压马达的输出扭矩，N·m；η 为动力头机械效率，此处取0.96。

将液压马达主要技术参数代入式（4-6），可得动力头技术参数如表 4-6 所示。

表 4-6　动力头主要技术参数

状态	额定压力/MPa	输出扭矩/ （N·m）	发动机转速/ （r·min⁻¹）	输出转速/ （r·min⁻¹）
马达串联	21	3144	2200	149.2
			2000	135.7
			1600	108.5

注：并联时输出转速减半，扭矩倍增。

使用三维建模软件 SolidWorks 对传动大扭矩、低转速齿轮副进行三维建模，按齿轮传动特征进行装配，然后进入其集成的有限元分析模块 Simulation 环境中进行齿轮啮合传动接触应力分析。该减速传动齿轮副设计为硬齿面传动，材料选用 20CrMnTi 材质，表面采取硬化处理，参考《渐开线圆柱齿轮承载能力计算方法》（GB/T 3480—1997）中常用材料性能表选取材料特性数值，通过相应计算公式，得到此条件下齿轮表面的接触疲劳许用应力为 1450 MPa，在 Simulation 分析的材料选项中添加传动齿轮的材料参数。模拟齿轮啮合传动工况特点给齿轮添加约束，加载扭矩，划分合适的网格（见图 4-8a），并进行分析运算，分析结果如图 4-8b 所示。该减速传动齿轮副等效应力分布结果显示，最大应力为 769 MPa，出现在中间啮合的接触面处，并且该处的应变也是最大的，但在安全范围内，最小安全系数为 1.89。

(a) 网格划分　　　　　　　　(b) 等效应力分布

图 4-8　传动副仿真分析结果

3）动力头箱体

动力头箱体是动力头的支撑件，所有零部件均依托于箱体安装，因此箱体结构较为复杂。为简化箱体生产时的造型工艺，降低制造成本，同时兼顾箱体强度要求，动力头箱体多采用焊接结构。为保证作业过程中小齿轮轴内与回转支承润滑充分，减少磨损，动力头采用油浴式润滑方式。为便于观测及维修，箱体上设置有加油口、放油口及润滑油液位计。由于应急水源成井钻机工作环境恶劣，为防止尘土等污染物进入动力头箱体内部，动力头上、下端盖均采用旋转密封圈进行密封，并且上密封盖与过渡连接盘之间采用迷宫式密封。

结合钻机回转装置的特定需求，动力头箱体可采用整体铸造或焊接方式进行加工，强度和加工精度均应符合传动要求。样机试制阶段，先采用合金钢板组焊后热处理去除应力的方式加工箱体，再采用钻、镗等机加工工艺对各安装孔进行精加工。

动力头减速箱箱体结构复杂，目前没有有效的快速校核公式，因此采用有限元分析模块 Simulation 对其进行仿真分析，建立三维模型，简化焊接部位结构。减速箱箱体材料采用 16Mn 材质，其抗拉强度为 510 MPa，屈服强度为 353 MPa。模拟减速箱箱体工作工况给箱体添加约束，箱体主要受钻孔所需的给进与起拔力作用，最大起拔力 120 kN，在箱体轴承固定端面加载该力，划分网格，进行分析运算，分析结果如图 4-9 所示。等效应力分布结果显示，箱体整体应力在 109 MPa 以下，销轴加筋处应力较大，但在许用安全范围内；等效变形位移结果显示，在最大受力情况下变形最大位移为 0.132 mm，最大变形在允许范围内，不影响使用。

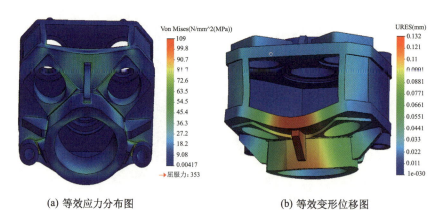

(a) 等效应力分布图　　　　　　(b) 等效变形位移图

图 4-9　动力头箱体有限元分析结果

4.2.2　给进机构设计

给进机构主要由桅杆、动力头拖板和给进油缸组成，如图 4-10 所示。动力头装在拖板上，给进油缸缸杆端固定，链轮装在缸筒上、下两端位置。

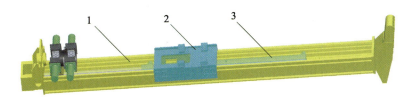

1—桅杆；2—动力头拖板；3—给进油缸。

图 4-10　给进机构结构示意

应急水源成井钻机钻进过程中，给进机构通过给进油缸为钻具提供轴向起拔力和推力。钻机桅杆给进机构采用活塞杆固定缸筒移动的给进形式，当活塞杆无杆腔进油时，给进油缸缸筒向右移动，通过链轮带动动力头拖板向右移动，为钻具提供起拔力；当活塞杆杆腔进油时，给进油缸缸筒向左移动，通过链轮带动动力头拖板向左移动，为钻具提供推力。给进机构工作原理如图 4-11 所示。

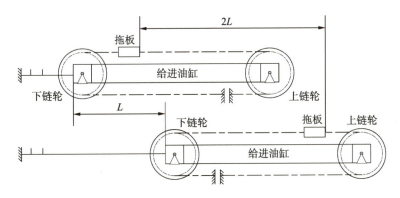

图 4-11　给进机构工作原理

桅杆主梁由槽钢（2 个）、动力头滑动导轨、桅杆托架导轨及给进油缸移动导轨构成，链条死点在桅杆中后部。对主梁进行有限元分析，加载 120 kN 负载（极限负载），仿真分析结果如图 4-12 所示。由图可见，桅杆主梁弯曲应力在 94 MPa 以下，其中筋板根部、底板连接处及滚轮结合处有应力集中现象，通过加筋可缓解。在加载后桅杆有变形，通过在桅杆顶部与平台间加连杆可以缓解，同时变形后产生的局部应力也会相应减小。

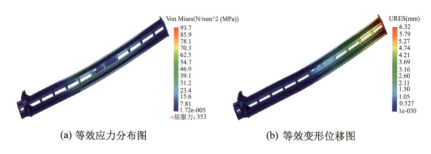

(a) 等效应力分布图   (b) 等效变形位移图

图 4-12   桅杆主梁有限元分析结果

综上可知，钻机给进和起拔主要由给进油缸提供动力，油缸活塞杆固定，缸筒上、下两端安装链轮，通过动滑轮组与动力头拖板连接，带动动力头沿桅杆做往复直线运动。动力头与拖板采用铰式螺栓连接，拖板通过箱体式结构与桅杆进行连接。

在成井作业过程中，桅杆作为动力头拖板的运动导轨起着支承动力头与钻杆的作用，并且在钻进过程中为动力头提供导向。桅杆在提钻与加压过程中受到给进油缸与钻具的共同作用，并受到动力头产生的巨大的扭矩作用。也就是说，桅杆同时承受倾覆力矩、扭矩、弯矩、钻进起拔力，这对钻机桅杆的强度与刚度提出了较高要求。同时，在运输状态下给进机构占据较大空间，考虑到山区和边远灾区交通环境复杂，应急水源成井钻机给进机构需要满足结构精简、质量较轻的要求。因此，将桅杆钻机设计为结构简单且可靠性较高的大截面箱体，以减小运输状态下钻机所占空间；将桅杆截面设计为凹形，为给进油缸提供安装空间；动力头托架滑轨选用高强度合金钢板材质，以提高耐磨度，延长使用寿命。

根据钻机主要技术指标及给进机构动滑轮组结构特性，给进行程可表示为

$$H = 2L \tag{4-7}$$

式中，L 为给进油缸行程，mm。

通过对给进机构关键零部件进行设计计算，并结合 SolidWorks 三维建模软件分析，设定各关键零部件的材质与密度，得到给进机构质量为 2.04 t。本书设计给进机构的给进行程为 3600 mm，可以保证 3000 mm 钻杆顺利加

接，设计最大起拔力为 12 t，以增强处理孔内事故的能力。

4.2.3　支腿式调平钻机平台设计

钻机平台是钻机结构件的纽带，起着承上启下的作用，其上安装有钻机的主要功能部件，自身则安装在履带行走装置上。在钻机平台的四角安装有 4 组可伺服控制的液压油缸（见图 4-13），四组油缸的协同伸缩可实现钻机（桅杆）角度的调整，并整合水平传感器、信号采集和 PLC 控制模块。设计算法研制多组伺服油缸协同工作系统，可实现钻机平台自动调平。

图 4-13　支腿式调平钻机平台结构示意

4.2.4　钻臂机构关键结构分析

（1）钻臂机构的结构

液压钻机钻臂机构主要由钻臂、托架、钻架和控制钻摆臂变幅的 5 个液压缸组成（见图 4-14）。液压钻机可以实现岩上上向孔、横向孔、倾斜孔、扇形孔开凿。钻臂的工作范围大，可钻范围广，覆盖面积大，且动作迅速、准确、平稳，一次移位可钻多孔。钻臂采用箱形焊接工艺且臂架较长，可有效减少钻孔过程中振动对钻机整机的冲击影响。

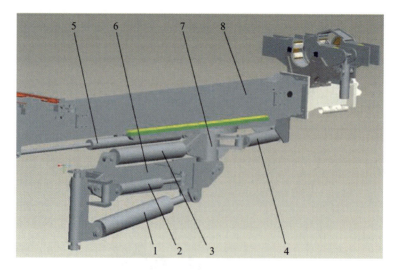

1—举臂液压缸；2—摆臂液压缸；3—俯仰液压缸；4—摆角液压缸；
5—补偿液压缸；6—钻臂；7—托架；8—钻架。

图 4-14　液压钻机钻臂机构结构示意

（2）钻臂机构关键构件力学分析

钻臂机构是实现钻机变幅运动的载体，因此其必须具有足够的强度和刚度。钻臂采用高强度钢板焊接而成，借助 ANSYS Workbench 软件对钻臂机构关键构件进行力学分析，可以验证钻机结构是否满足强度和刚度的要求。

图 4-15 至图 4-18 分别为托架、钻架、钻臂水平钻孔和钻臂垂直钻孔应力分析结果。观察分析各图可见，在钻孔时，钻臂、托架、钻架、滑架的最大等效应力均出现在与液压缸相连接的铰座处。

(a) 托架应力加载图

(b) 托架应力云图

图 4-15　托架应力分析结果

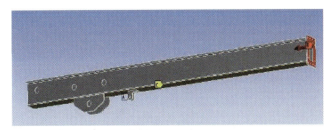

(a) 钻架应力加载图

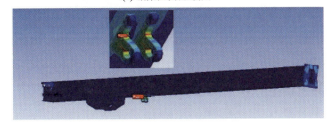

(b) 钻架应力云图

图 4-16 钻架应力分析结果

(a) 应力云图   (b) 局部应力云图

图 4-17 钻臂水平钻孔应力分析结果

(a) 应力云图   (b) 局部应力云图

图 4-18 钻臂垂直钻孔应力分析结果

(3) 钻臂不同位姿受力分析

钻机之所以能够实现多方位、多角度的钻孔，是因为钻臂可以在不同的位姿下进行钻孔作业。钻孔作业实际情况显示，对钻臂机构和整车结构强度有较大影响的是在不同钻孔角度进行凿岩作业的工况。为了对钻臂及整车结构有更充分的了解，应考虑多种钻孔角度工况，并对钻臂及整车可能出现的最大载荷进行分析，最终确定钻臂机构及整车结构强度是否满足要求。

钻机水平钻孔时，对有限元装配体模型进行相应的简化处理及应力分析（见图 4-17），可以发现，整车的最大等效应力出现在钻臂与车体立柱的连接处。钻机垂直钻孔时，对有限元装配体模型进行相应的简化处理及应力分析（见图 4-18），可以看出，整机处于安全范围之内，最大应力出现在托架与摆角液压缸的连接处。

4.2.5 履带式智能行走装置设计

针对山区及边远灾区复杂地形设备进入场地困难等难题，重点研发履带式智能行走装置，并设计底脚滑移机构，克服设备越障性能差等问题，优化其爬坡性能，以便在山区及边远灾区设备能高效进入场地。

钻机采用履带自行底盘的重要原因在于其可以有效降低整机重心，减少设备的接地比压，从而提高设备在施工和运移过程中的稳定性，降低对施工场地地面预处理的要求，适应岩土钻掘施工中设备频繁移动的工况。履带式智能行走装置具有良好的越野性能和爬坡能力，转弯半径小，机动性、灵活性强。

履带自行底盘中最为关键的部件是行走驱动总成，其主要由驱动轮、导向轮、承重轮、履带链轨、张紧机构、支架等组成（见图 4-19）。履带行走装置是全液压钻机的运行部分，也是整台钻机的支撑基座，用来支撑钻机的所有机构，承受工作装置在工作工程中产生的力并能使钻机短距离移动。导向轮通过张紧机构调整履带松紧，行走装置的动力由行走液压马达和减速器传递到驱动轮，使整个行走装置运行。钻机正常行驶时，由液压泵提供动力，通过调节变量泵、变量马达或控制阀改变进入行走液压马达的油量，实现钻机正常行走、转向及就地转弯等。

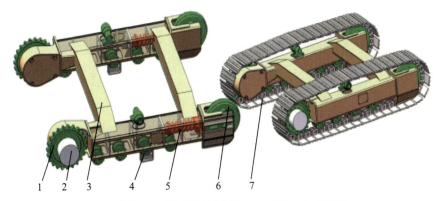

1—驱动轮；2—驱动马达减速器；3—支架；4—承重轮；
5—张紧机构；6—导向轮；7—履带链轨、履带板。

图 4-19　履带行走装置结构示意

在行走装置液压系统设计中，除与回转机构一样须考虑缓冲、补油外，还应考虑安装限速装置，避免钻机下坡行走时因超速发生溜坡危险。行走回路中设置了制动油路，制动油缸为常闭式制动器。行走马达设有两挡排量，当变量控制阀通先导压力油时，马达排量变小，履带行走速度变快；若变量控制阀没有通先导压力油，则履带行走速度变慢。因此，行走装置可以通过调节行走马达排量来适应不同的路面情况。

目前，国内外对泵控马达闭式液压驱动系统的理论分析与研究有很多，且技术已经很成熟，但对钻机这种阀控马达开式工程机械行走驱动的研究还很欠缺。钻机通常需要在空间狭窄、工作环境恶劣的工地作业，负载变化剧烈，且工作环境粉尘较多。因此，钻机的液压系统需要提供较大的压力，并能适应外负载不断变化的要求。此外，钻机需要克服工作条件及油箱容量的限制，以避免液压介质出现高温。这些对钻机行走驱动系统的设计提出了较高的要求。钻机复合动作比较少，其主要动作如臂架回转、变幅、动力头推进等一般都是单一动作，因此钻机行走驱动系统消耗的功率占整机功率的比例最大。鉴于以上种种因素，为了提高钻机行走的速度响应及系统的效率，对钻机行走液压驱动系统进行研究显得尤为重要。

为了使钻机在正常行走过程中行走速度快，动作灵敏，在反向行驶和转弯中性能良好，以及在高低不平的路面行驶时拥有较好的平衡性和稳定性，本研究针对钻机行走驱动系统进行了优化设计，主要工作包括以下几个方面：

（1）钻机精确控制研究

根据钻机关键部位的动作要求，全面分析全液压钻机的整体结构，确定钻机主要机构的液压设计方案。根据钻机精确定位的要求，着重分析钻臂和行走的控制要求，并对钻机进行运动学和动力学分析，完成驱动系统液压设计及关键元件的选购。

（2）建模及特性分析

通过分析钻机行走控制系统的结构及工作原理，运用力平衡方程和流量连续性方程，得到阀控马达控制系统的数学模型。对被控对象的特性进行分析，明确下一步仿真的总体方向。

（3）控制策略

结合最先进的控制理论，研究分析 PID 控制原理和模糊控制原理，针对阀控马达控制系统提出切实可行的控制策略。

（4）仿真分析

将 PID 控制和模糊自适应 PID 引入被控系统中，进行计算机仿真并分析仿真结果。

全液压钻机的行走驱动液压系统为电液比例阀控马达系统，运用数学模型的目的在于对系统的特性进行定量分析，以了解系统技术指标是否满足要求，以及初步检验所设计的控制器是否合适，观察所设计控制器的参数对系统控制的效果，为以后的现场调试提供理论依据。系统的数学模型也是分析和校正电液比例阀控马达控制系统的依据。

（5）静液压-机械驱动桥式履带底盘转向控制系统研发

拟采用静液压-机械驱动桥式履带底盘转向控制系统，建立静液压系统数学模型，分析系统稳态特性，考察系统性能的主要干扰因子。基于系统设计需求，搭建实际模型，针对不同的工况需求选取对应的仿真参数，得到动力头转速、扭矩、流量、压力等拟合曲线，进一步验证理论分析。

（6）底脚滑移机构设计

为满足山区及边远灾区复杂地形钻孔需求，实现装备智能行走目标，还应研发底脚滑移机构。设计机构主要包括挡板和底架。拟将底架设在探测架组件下部，后方设滑移油缸固定销轴孔。为铰接吊环头，将销轴连接滑移油缸的活塞杆。挡板拟设在滑架体组件的左、右两侧，滑架体组件整体拟采用钢板焊接，中间设空腔，空腔左、右两侧开孔，通过法兰、销轴、螺栓可固定滑移油缸；空腔左、右两侧设置 4 个可调滑板；为固定偏摆油缸，在右下角设油缸支座，通过螺纹孔连接回转支撑外圈。当取样打孔位置有凸台或凹坑时，待钻机停稳后控制滑移油缸伸缩，由于滑架体相对固定，故只能推动探测架沿着可调滑动底板与滑轨规定的方向上下移动，从而适应地形，为钻机工作提供支点。为防止油缸缩回，可在液压系统内设置液压锁，使其承受起拔力。

（7）履带张紧机构设计

为满足山区及边远灾区应急救灾需求，并实现装备经济、多用且局限性较小的目标，设计履带张紧机构。履带张紧机构主要包括导向轮、导向块和张紧油缸三部分。将导向轮放置于张紧导向轮组件的最前端，通过导向轮主轴连接于导向块。张紧油缸由两部分组成：在前段前端设凸台，后部设内螺纹孔；后段中空作为油路，两端均设外螺纹；后段前端与前段后端通过螺纹连接并焊接加固，后段后端通过螺纹旋接调节螺母，尾部安装打链嘴组件。为有效防止履带出现太紧或太松的状况，调节履带松紧度，在张紧油缸上套缓冲弹簧。同时，将张紧导向轮设置于从动轮上。这样不仅能节省空间，而且油缸可以起导向作用，使机构整体结构更简单，便于后期的维修保养。

（8）行走驱动总成设计

为确保设备的机动性，使其设备适应山区及边远灾区复杂地质状况，钻机采用履带自行走方式，设计履带行走驱动总成部分。行走驱动总成由承重轮、导向轮、驱动轮、履带链轨、张紧机构、支架、驱动马达、前桥、后桥等组成。其上安装机架组件，尾端安装铲板组件，通过液压油缸控制铲板升降，同时，为有效实现锁止配有平衡阀。为提高钻机往返各点位及转场效率，拟选高速行走液压马达驱动行走设备，其行走速度较快，输出扭矩大，更适应道路泥泞不平的情况，转向灵活不卡阻。该设备为马达与减速器一体的行走装置，由双排量轴向柱塞马达、行星减速器组成。马达内置防反转阀、停车制动装置及高低两挡转换装置，传动比范围大，结构紧凑，工作效率高、可靠性强。

（9）履带架有限元分析

通过 SolidWorks 三维建模软件，对履带架进行有限元分析，确定内、外载荷，考虑履带架最危险工况，结合履带机械实际工况对其进行强度分析。

依据牵引力、驱动力、摩擦力等，确定履带预紧装置的预紧力、有限元分析重心位置，并进行载荷计算，模拟履带架瞬间承受巨大压力状态。运用结构静力学分析对特殊工况下的履带架进行应力计算，得到履带架有限元分析模型的等效应力云图。结合应力等值线描述有限元模型的应力分布情况，精准筛选出复杂工况下模型的不安全因素，确定危险区域，从而对模型进行修正与优化。

静液压-机械驱动桥式履带自行底盘转向控制系统大大提高了履带底盘转向的可操作性及安全性，可实现原地转向、交错移动的目标。

4.2.6 液压系统设计

应急水源成井钻机被广泛应用于山区及边远灾区的应急水源探测与开采工作，要求钻机在普氏系数 $f=6\sim12$ 范围的中等硬度岩层中进行成井作业时保持较高的钻进速度，因此应急水源成井钻机液压系统需要具有输出扭矩大、功率大，系统高度集成等特点。对于应急水源成井钻机而言，液压系统的设计和液压元件的选型直接关系到成井作业中钻机的输出特性。

（1）性能要求

钻机液压系统以油液为工作介质，利用液压泵将发动机的机械能转化为液压能，再通过液压油缸、马达等执行元件将液压能转化为机械能，使钻机执行各种动作。在成井作业过程中，应急水源成井钻机的主要动作包括动力头的回转与快速升降、液压马达的串并联切换等。应急水源成井钻机在山区及边远灾区复杂地质条件下作业时，外负载变化较大，受冲击和振动影响大，因此对液压系统提出了更高的性能要求，主要包括以下几个方面。

1）动力性要求

在保证发动机不过载的前提下，充分利用发动机的功率提高应急水源成井钻机的钻进效率。当负载发生变化时，要求液压系统与发动机能够良好匹配。例如，当钻机钻进软土层，即外负载较小时，液压系统应增大油泵的输出流量，提高执行元件的运动速度，实现高转速加压钻进。同时，各液压元件在工作过程中应该尽量保持平稳，减少液压冲击对液压元器件的损坏。

2）操纵性要求

由于应急水源成井钻机多在山区及边远灾区工作，为了保证整机工作的可靠性，钻机对调速操纵控制性能的要求较高。钻机液压系统必须能让操作人员在成井作业过程中按照操纵意图方便地实现调速操纵控制，对各个执行元件的调速操纵要稳定、可靠。

3）节能性要求

应急水源成井钻机工作时间长，消耗能量大，要提高液压系统的工作效率，必须尽可能降低使用过程中各个组成元件和管路的液压损失，因此在钻机液压系统设计中应考虑采用泵控负载敏感系统节能。泵控负载敏感系统能够调节变量泵相关组件，使泵的输出压力与负载相匹配，减少系统溢流损失，降低系统能耗。

4）安全性要求

应急水源成井钻机工作环境恶劣，载荷变化和冲击振动大，因此钻机液压系统要有良好的过载保护措施，防止液压泵过载或因外负载冲击引起各个液压元件损伤。此外，要保证在发生故障时应急水源成井钻机各组成部分可以自锁，以防故障元件坠落而伤害在场操作人员。

5）其他要求

在山区及边远灾区，钻机作业条件恶劣，钻机液压系统各功能部件在恶劣环境中应保证工作的可靠性和耐久性；钻机液压系统零部件要实现标准化、组件化和通用化，确保液压系统易于安装、维修和保养，同时降低钻机的制造成本。应急水源成井钻机在成井作业过程中有给进提升和钻进这两个独立动作，钻机液压系统应保证这两个独立动作能够同时进行，互不干扰。

（2）设计要求

全液压多功能水井钻机的主要动作包括履带行走、动力头回转、动力头快速升降、绞车升降，辅助动作包括给进、孔口卸扣、支腿调平、桅杆起落、钻塔滑移等，所有动作均由液压驱动，是一种动作相对较多的钻机。这些主要动作经常启动、制动、换向，外负载变化很大，冲击和振动严重，因此钻机对液压系统提出了很高的设计要求。

1）主回路

主系统为负载反馈控制系统，2 个主泵采用负载敏感（load sense，LS）

柱塞变量泵，主阀采用负载反馈多路阀，泵的流量大小根据远程压力 LS 变化实现控制调节。主泵负载控制原理及工作曲线图如图 4-20 所示。

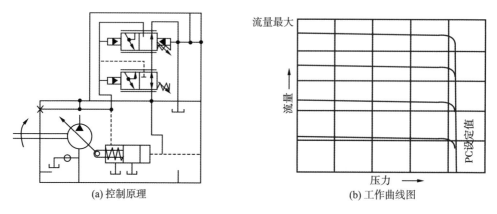

(a) 控制原理　　　　　　　　　(b) 工作曲线图

图 4-20　主泵负载控制原理及工作曲线图

　　2 个主泵分别与 2 个主阀组成主系统：主泵 1 通过一个三联阀组驱动履带左行走、控制动力头慢速回转及快速给进；主泵 2 通过一个四联阀组驱动履带右行走、控制动力头快速（合流）回转、驱动绞车及备用油口。这种控制模式最大的优点是节能，实现了主泵按照执行元件实际需要（速度快慢）调节排量，不需溢流。利用此系统可以有效减少操纵手柄处于中位时系统产生的空流损失。

　　负载敏感控制（LS 控制）泵为系统提供与实际工作负载相匹配的压力及流量。当主阀各控制联都在中位时，泵出口流量为零，同时保持较低的待命压力。此时，负载敏感设定值即为系统工作在中位时泵的出口待命压力。

　　负载敏感控制系统使用一组四联和一组三联中位闭合带负载敏感反馈通道的并联多路阀，系统中最高工作压力信号通过阀块上负载敏感反馈通道（一组梭阀）反馈到泵上 LS 口。方向阀进、出口压差分别对应于泵出口压力与 LS 反馈回路压力。负载敏感控制阀通过比较工作阀进、出口压差变化来调节泵排量。工作阀块进、出油口压差降低意味着系统需要更多液压油流量，LS 控制系统增大泵排量。反之，LS 控制系统减少泵排量直到方向阀进、出口压差保持设定值。

　　2）辅助回路

辅助回路采用齿轮定量泵系统，主要控制给进油缸、卸扣油缸、起塔油缸、钻塔滑移油缸及支腿油缸。通过两个溢流阀分别控制给进油缸上下腔的压力，从而控制孔内钻头压力。利用齿轮泵的回油来驱动系统散热器风扇马达，可省去一个泵，简化系统。

3）液压功率

设计的液压系统有 3 个液压泵，其中 2 个柱塞变量主泵、1 个定量齿轮辅助泵输出动力。主泵为负载变量泵，可调速，设定压力为 27 MPa，最大工作压力为 30 MPa，排量均为 38 mL/r，合流后最大流量为 160 L/min；辅助泵排量为 22 mL/r，设定压力为 24 MPa，泵最大流量为 46.5 L/min。

液压功率计算公式为

$$P_{功率} = \frac{Q \cdot \Delta p}{60 \eta_{\mathrm{t}}}$$

式中，Q 为液压油流量，L；Δp 为液压系统压力，MPa；η_{t} 为油泵效率。

压力最大时，3 个泵的最大驱动功率分别为 39.2，39.2，20.2 kW。

4.2.7　液压驱控原理及元件选型计算

应急水源成井钻机在成井作业时，主要通过调整钻具钻压、钻头回转速度以及冲洗介质泵送流量来改善钻进效果，其中钻具钻压与钻头回转速度分别由钻机液压系统中的给进液压回路、回转液压回路负责调控。正常钻进过程中，液压马达的转速与扭矩通过钻机动力头齿轮传动，并驱动钻杆和钻头工作。当钻具旋转时，加压油缸会向动力头施加向下的轴压力，以确保成井作业的稳定性和安全性。动力头液压系统的传动原理如图 4-21 所示。

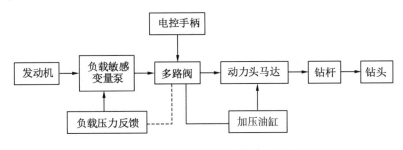

图 4-21　动力头液压系统传动原理图

下面根据应急水源成井钻机主要技术指标，对应急水源成井钻机液压系统主要元件进行选型和计算。

（1）给进液压回路选型和计算

给进液压回路主要用于对加压油缸给进速度和给进压力进行精确调节，确保钻机钻进时的稳定性。但在复杂地层中钻进时，外负载波动较大，且具有随机性。因此，钻进过程中给进回路应当适应给进速度在不同岩层中的变化情况。依据给进液压回路正常运行的基本需求，设计给进回路液压系统工作原理如图 4-22 所示。

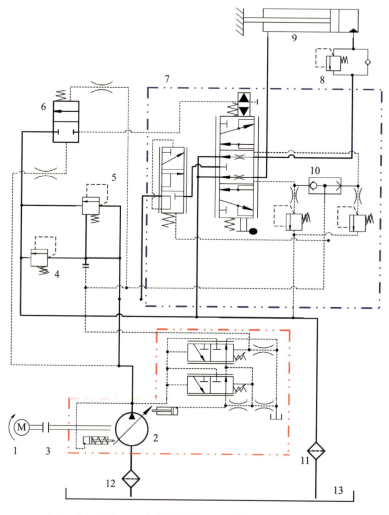

1—柴油发动机；2—负载敏感泵；3—联轴器；4，5—溢流阀；
6—液控二位二通换向阀；7—LUDV（负载独立流量分配系统）多路阀；
8—平衡阀；9—给进油缸；10—梭阀；11，12—过滤器；13—油箱。

图 4-22 给进回路液压系统工作原理图

应急水源成井钻机给进液压回路采用比例先导、负载敏感控制技术精确调节油缸给进和起拔所需压力与流量，液压系统由溢流阀、液控换向阀、电液比例负载敏感多路阀、平衡阀、液压油缸、滤清器等液压元件组成；动力源选择由柴油发动机驱动的负载敏感泵，并且采用液压油缸对钻进过程中的钻具施加轴向推动起拔力。钻机桅杆给进机构采用动滑轮组倍速机构连接给进油缸和动力头拖板，并且采用活塞杆固定、缸筒移动的给进形式。因此，动力头行程为给进油缸行程的 2 倍，并且给进时油缸有杆腔进油，给进力为油缸输出推力的一半；起拔时油缸无杆腔进油，起拔力为油缸无杆腔推力的一半。

给进油缸最大输出推力可表示为

$$F_{\max} = p \cdot S = \frac{\pi}{4} D^2 \cdot \Delta p \tag{4-8}$$

式中，S 为给进油缸无杆腔面积，mm^2；Δp 为给进油缸两腔之间的压力差，MPa；D 为给进油缸缸径，mm。

考虑滑轮组给进形式和链条机械效率，给进油缸对钻具施加的轴向推动力可表示为

$$F_{给进} = \frac{F_{\max} \eta}{2} \tag{4-9}$$

式中，η 表示滑轮组给进机构链条机械效率，查阅相关参考资料后取 $\eta = 0.8$。

通过式（4-8）、式（4-9）计算出液压缸内径 $D = 118$ mm，根据液压缸设计标准选择给进油缸内径 $D = 125$ mm。

当液压油缸对往复运动时的速度比不作要求时，给进油缸活塞杆直径与油缸缸径的关系为

$$d = (0.45 \sim 0.70) D \tag{4-10}$$

式中，d 为给进油缸活塞杆直径，mm。

因此，系数取 0.7，计算可得给进油缸的活塞杆直径 $d = 87.5$ mm（系数取 0.70，可保证供给液压油油量更为充足），根据液压缸设计标准对活塞杆取整，得 $d = 90$ mm。

钻机钻进作业时，液压缸内部高压强产生的应力表示为

$$[\sigma] = \frac{\dfrac{\Delta p \cdot D}{\delta} + \Delta p}{2.3} \tag{4-11}$$

式中，δ 为给进油缸缸筒壁厚，mm；$[\sigma]$ 为给进油缸许用应力，N/mm²。

给进油缸材料选用 45 号钢，缸体抗拉强度为 600 N/mm²，安全系数为 5.5，计算可得缸筒壁厚 $\delta = 13.22$ mm。因此，给进油缸外径为 $D + 2\delta = 151.44$ mm。为便于加工，将油缸外径取整得 152 mm。给进油缸的主要技术参数如表 4-7 所示。

表 4-7　给进油缸主要技术参数

缸筒外径/mm	缸筒内径/mm	活塞杆直径/mm	行程/mm	工作压力/MPa
152	125	90	1800	24

（2）回转液压回路选型和计算

钻机钻具在不同岩层钻进过程中所需的回转转矩和转速相差较大，为保证成井作业的稳定性，钻机回转液压回路需要根据外部负载调节系统的输出转速与转矩。复杂地质条件下进行成井作业时，负载变化范围较大，要求液压马达能够满足输出转矩和转速在大范围内进行无级调速的要求，实现节能、稳定作业的目的。依据回转回路正常运行的基本需求，设计回转回路液压系统，其工作原理如图 4-23 所示。

应急水源成井钻机回转回路由梭阀、溢流阀、液控换向阀、电液比例负载敏感多路阀、电磁换向阀、滤清器等液压元件组成，动力源选择由柴油发动机驱动的负载敏感泵，两个可以调节串并联的液压马达为钻进过程中的钻具提供回转转矩和转速。回转液压回路具有快、慢两种输出模式，两种输出模式下提供的流量与压力由比例先导、负载敏感控制技术精确调节。当钻具在软土层或松散岩层作业时，回转液压回路需要提供较高的转速，电磁换向阀处于右位，马达串联，此时扭矩相应减小；当钻具钻进至坚硬岩层时，电磁换向阀切换至左位，马达并联，钻具低速转动，输出扭矩相应增大。两个负载敏感泵串联连接，负载敏感泵 3 同时为给进回路和回转回路提供流量与压力，本书后续计算仿真中将回路简化为负载敏感泵 3 与负载敏感泵 4 分别控制两个主要回路。

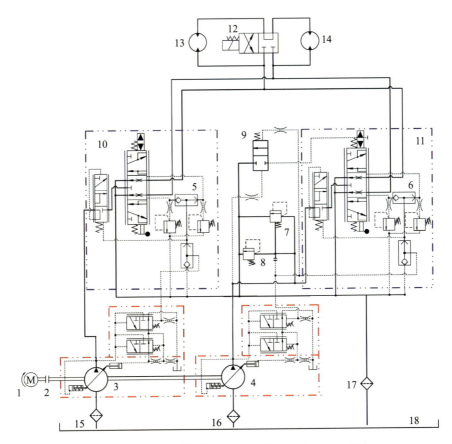

1—柴油发动机；2—联轴器；3，4—负载敏感泵；5，6—梭阀；
7，8—溢流阀；9—液控二位二通换向阀；10，11—LUDV 多路阀；
12—二位二通电磁换向阀；13，14—液压马达；15，16，17—过滤器；18—油箱。

图 4-23　回转回路液压系统工作原理

液压马达最大排量与马达进、出口压差及最大输出扭矩有关，可表示为

$$V_{max} = \frac{2\pi T_{max}}{\Delta p_M \cdot \eta_M} \tag{4-12}$$

式中，V_{max} 为液压马达最大排量，mL/r；T_{max} 为最大输出扭矩，N·m；Δp_M 为马达进、出口压差，MPa；η_M 为液压马达机械效率，此处取 0.95。

将参数代入式（4-12）可得液压马达理论最大排量为 390 mL/r。

马达串联时，输出扭矩可表示为

$$T = \frac{1.59 V_M \cdot \Delta p_M \cdot \eta_M}{100} \tag{4-13}$$

输出转速可表示为

$$n_{\max} = \frac{1000 Q_{\mathrm{h}} \cdot \eta_{\mathrm{V}}}{Q_{\max}} \qquad (4\text{-}14)$$

式中，V_{M} 为液压马达排量，mL/r；Q_{h} 为回转回路系统流量，L/min；η_{V} 为液压马达容积效率，此处取 0.96。液压马达的主要技术参数见表 4-8。

表 4-8　液压马达主要技术参数

马达工作状态	最大排量/ （mL·r⁻¹）	额定压力/ MPa	输出扭矩/ （N·m）	输出转速/ （r·min⁻¹）
马达串联	390	21	625	355

注：并联时输出转速减半，扭矩倍增。

（3）负载敏感泵选型和计算

钻机液压系统主要回路采用负载敏感控制（LS 控制）泵为系统提供与实际工作负载相匹配的压力与流量。负载敏感泵具有自适应能力，可以根据成井作业所需的最佳流量与压力进行精确调节，与传统定量泵相比能够有效降低功率损耗，实现更高的能源利用效率。负载敏感泵工作原理如图 4-24 所示。

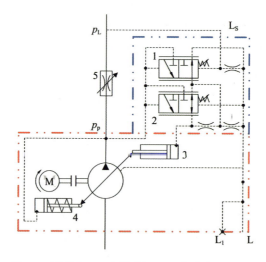

1—LS 阀；2—恒压阀；3—变量油缸；4—复位油缸；5—节流阀。

图 4-24　负载敏感泵工作原理

图 4-24 中，p_{p} 为负载敏感泵的出口压力，p_{L} 为负载反馈压力，L_{S} 为先

导压力口，L 和 L_1 为壳体泄油口。负载敏感阀 1 两端分别输入节流阀 5 两端的压力，并通过压差控制泵排量。泵最大输出压力由恒压阀 2 控制。变量油缸 3 和复位油缸 4 共同控制负载敏感泵的斜盘倾角。负载敏感泵的控制流程如图 4-25 所示。

图 4-25　负载敏感泵控制流程

负载敏感泵能够将系统输出的流量、压力与工作流量、压力进行匹配，因此首先要确定液压系统流量与压力这两个参数。应急水源成井钻机液压系统的工作压力可以参照表 4-9 选择。

表 4-9　工业设备与液压系统压力匹配

设备类型	磨床	组合机床	龙门刨床	拉床	农业机械、小型工程机械、工程机械辅助机构	液压机、中大型挖掘机、重型机械、起重运输机械
系统压力/MPa	0.8~2	3~5	2~8	8~10	10~16	20~32

根据表 4-8 和应急水源成井钻机各液压回路的要求，选取给进液压回路与回转液压回路两个负载敏感泵最大工作压力为 27 MPa。

各子回路工作压力和所需流量与液压泵的排量关系可表示为

$$V_{\mathrm{b}} = \frac{Q_{\mathrm{im}}}{n_{\mathrm{e}} \eta_{\mathrm{bV}}} \tag{4-15}$$

式中，V_{b} 为负载敏感泵理论排量，mL/r；Q_{im} 为子液压回路所需的最大流量，L/min；n_{e} 为发动机转速，r/min；η_{bV} 为负载敏感泵容积效率，此处取 0.96。

当发动机以额定转速 2000 r/min 运行时，根据式（4-15）可以得到回转子系统和给进子系统负载敏感泵的理论排量分别为 36.2 mL/r 和 20.3 mL/r。给进系统负载敏感泵需要在回转系统需要大流量时提供流量，因此按照设计标准选择两台排量为 38 mL/r 的负载敏感泵。

4.2.8　动力机选型

在钻机液压系统中，发动机是整个系统的动力来源。应急水源成井钻机应用场景多为山区和边远灾区，野外动力电搭接难度较大，因此钻机的动力采用柴油机驱动液压系统的方式提供。应急水源成井钻机液压系统包括控制钻具给进、起拔与钻进的主要动作回路和控制卸扣油缸、起塔油缸及支腿油缸的辅助回路。因此，发动机需要驱动钻机液压系统的两个子系统完成作业任务，辅助回路选用排量为 22 mL/r 的齿轮定量泵，最大压力时的最大驱动功率为 20.2 kW。发动机驱动两个子系统的最大功率之和为 98.6 kW，并且不能持续处于满载工作状态。设计时选用康明斯 4BTA3.9-C125 功率为 93 kW 的柴油发动机，转速为 2200 r/min 时输出扭矩 404 N·m。其具体性能参数如图 4-26 所示。

主泵最大驱动扭矩为 340 N·m，排量为 22 mL/r 的泵的最大驱动扭矩为 87.4 N·m，柴油发动机输出扭矩略小于钻机液压系统两个子回路所需最大驱动扭矩之和，但钻机液压系统两个子回路不会同时处于最大功率点，且无法在最大功率时长时间工作，故所选柴油发动机须满足钻机正常作业时的扭矩与功率需求。发动机不同转速下的系统压力和流量如表 4-10 所示。

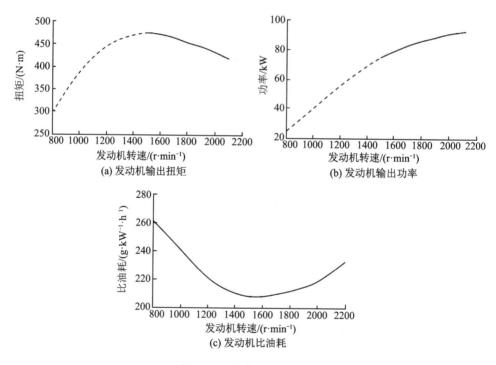

图 4-26　发动机性能参数

表 4-10　发动机不同转速下的系统压力和流量

序号	发动机转速/ (r·min^{-1})	负载敏感泵流量/ (L·min^{-1})	齿轮定量泵流量/ (L·min^{-1})	备注
1	2200	160.5	46.5	满负荷工况
2	2000	146.0	42.2	一般工况
3	1600	116.7	33.8	经济工况

4.2.9　电气系统设计

应急水源成井钻机电气系统设计主要涉及柴油机的启停控制，柴油机转速、油压、水温及油温的测量与显示，液压系统电磁换向阀的控制，照明的控制等。

4.2.10　控制系统设计

应急水源成井钻机控制系统包括钻机行走、就位操控台，钻进控制台及气路控制 3 个部分。

（1）钻机行走、就位操控台

钻机行走、就位操控台布置在钻机平台左前方，操控钻机履带行走及到达孔位后调平、起桅杆、桅杆撑地等钻进前的准备工作。配有驾驶座椅及钻机调平显示（水平仪表）、桅杆倾斜角度显示（机械式）等。

具体包括以下几个部分：

① 操控手柄：履带行走操控手柄 2 支，支腿调平手柄 3 支，起塔手柄 1 支，桅杆滑移手柄 1 支。

② 操作按钮：履带行走快慢速切换按钮 1 个。

③ 仪表显示：水平仪表 1 个，倾角显示仪 1 个。

（2）钻进控制台

钻进控制台布置在钻机平台右前方，可绕转轴旋转，可移动式操控台方便调整操控位置。钻进控制台操控钻机在钻进状态下各种动作的实现，并显示各种参数。

具体包括以下几个部分：

① 操控手柄：动力头回转操控手柄 1 支，动力头上下移动操控手柄

1 支，钻进手柄 1 支，小绞车控制手柄 1 支，卸扣油缸手柄 1 支，备用手柄 1 支（拔管机）。

② 操作手轮：推进压力调节手轮 1 个，反推进压力调节手轮 1 个。

③ 仪表：发动机转速表 1 块，机油压力表 1 块，水温表 1 块，其他压力表 5 块（分别显示回转压力、支腿压力、先导压力、推进压力及反推进压力）。

操作按钮及开关：发动机启动开关 1 个，动力头串并联开关 1 个，支腿/给进切换开关 1 个，照明开关 1 个。

(3) 气路控制部分

气路控制部分设油雾器 1 个，气路换向阀 1 个。

第5章 气动潜孔锤跟管钻进技术与工艺

5.1 气动潜孔锤钻进技术

5.1.1 气动潜孔锤技术发展概况

19 世纪中叶（1857 年），意大利工程师巴特里特首次发明了以压缩空气为动力介质的气动凿岩机，开创了潜孔锤钻进的新纪元。

20 世纪 60 年代，我国引入气动潜孔锤技术，70 年代我国技术人员已经能够自行设计研制气动潜孔锤，应用领域主要是矿山爆破孔，工程完成量逐年增加。气动潜孔锤钻进因钻进效率高、钻头寿命长、钻孔成本低、不需要配制洗井介质、适合全天候施工作业等显著特点，在各钻孔领域展现出巨大的应用前景。

20 世纪 70 年代以来，气动潜孔锤的应用领域逐渐扩大，水文水井钻凿开始采用这项技术，其硬岩钻进效率较常规钻进方法（硬质合金钻进、钢粒钻进）高 5~8 倍。

20 世纪 80 年代，国外已将气动潜孔锤应用领域拓宽到地质岩芯勘探，潜孔锤施工爆破孔直径由几米至十几米深增加至勘探钻孔的几百米深，同时潜孔锤爆破孔由只成孔不取心发展到取心取样钻进，并由普通正循环钻进发展为中心取样（center sample recovery，CSR）钻进。

随着气动潜孔锤应用于勘探领域，国内外钻探技术人员开始研究贯通式潜孔锤及反循环钻进技术。

5.1.2 气动潜孔锤钻进的应用领域

气动潜孔锤钻进适用的地层几乎包括所有火成岩、变质岩以及中硬以上的沉积岩。对于硬岩和坚硬岩层来说，使用潜孔锤钻进更为有利。因为硬岩和坚硬岩层的脆性大，在冲击载荷作用下，除局部岩石直接粉碎外，钻头齿刃接触部位岩石将破裂形成破碎区，并产生较大颗粒的岩屑，因而潜孔锤钻进速度远远高于单纯回转钻进。

对于片理、层理发育，或者软硬不均匀以及多裂隙的岩层等，气动潜孔锤能有效防止或减少孔斜。

气动潜孔锤还能有效解决卵砾石层、漂砾层钻进难题。

气动潜孔锤主要应用领域如下：

（1）固体矿产勘探

在地质设计允许用岩屑取代岩心时可采用潜孔锤钻进，以大幅度提高钻进速度。贯通式潜孔锤和取心潜孔锤（在潜孔锤下部接岩心管）的出现，很大程度扩展了气动潜孔锤在固体矿产勘探领域的应用。

（2）砂矿床勘查

矿产（如金矿）多为砂矿床，并且往往赋存在卵砾石层以及含漂砾的沉积层中，采用潜孔锤钻进技术结合反循环取样效果甚佳。

（3）工程地质勘查

工程地质勘查领域内既有陆地，也有水域，多在第四系覆盖层中钻进。当遇到卵砾石层或漂砾层时亦用潜孔锤钻进。

（4）水井钻凿施工

潜孔锤在水井钻凿方面应用甚广，既能快速施工，又能提高成井质量。在基岩井施工设计时，应优先考虑采用这种方法钻进。

（5）爆破孔施工

矿山采矿及水电、交通等工程建设中的爆破孔以及人工地震中的震源孔，广泛采用潜孔锤钻进。

（6）锚固与注浆工程施工

用潜孔锤施工各种用途的锚固孔与注浆孔比普通回转钻进方法优越得多，特别是在某些滑坡治理和挡土墙锚固孔施工时，往往忌用液体介质。

（7）基础工程施工

潜孔锤可用于钻孔灌注桩（特别是嵌岩桩）和地下连续墙等基础工程施工。除用单体潜孔锤外，大断面基础工程可用组合式潜孔锤施工。

（8）矿山竖井施工

潜孔锤可用于矿山采矿用竖井、通风井、充填井、排水井等施工，亦可用于大型多方向反向井施工和高垂直度的冻结孔施工。

（9）其他应用领域

潜孔锤还可用于地下坑道用管棚法施工时打水平孔，铺设地下管线和栽埋线杆施工等。

5.1.3　气动潜孔锤分类及特点

气动潜孔锤按不同的方法可分为不同的类型：按配气类型分为有阀及无阀两种；按结构类型分为贯通式及非贯通式两种；按工作压力分为低风压、中风压、高风压三种。

从适用各种场景的角度出发，气动潜孔锤应具有以下一些特点：

① 结构简单、便于制造与维修；

② 工作稳定可靠，机构灵活，潜入深水密封性好；

③ 孔底岩屑排出效果好；

④ 深孔钻进用冲击器在高背压条件下有良好的工作性能；

⑤ 有良好的恢复能力，能耗较小；

⑥ 有较高的钻进速度和较长的使用寿命。

5.2　气动潜孔锤跟管钻进工艺关键零部件设计

ODEX（overburden drilling eccentric）工法又称同步跟管钻进法，是指在潜孔锤碎岩钻进的同时，通过钻具和导管的特殊构成或双动力头的另一动力头同步跟进导管进行护孔，钻进多少，导管就跟进多少的施工方法。该工法因钻进和跟管同步进行，因此不存在钻孔垮塌和重复破碎问题，是在复杂地层进行钻进的有效方法之一。

气动潜孔锤跟管钻进技术是以压缩空气为动力，跟管钻具在气动潜孔锤和钻机扭矩作用下冲击回转钻进并实现同步跟进套管，终孔后跟管钻具从套管中提出，套管用于护壁的一种钻进新技术。该技术具有钻进速度快、效率高、干式钻进等优点。气动潜孔锤跟管钻具结构如图 5-1 所示。

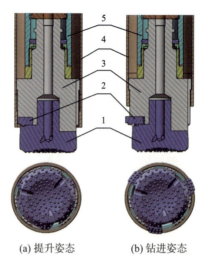

(a) 提升姿态　　　(b) 钻进姿态

1—中心导向钻头；2—扩孔块；3—导正器；4—套管、套管靴；5—冲击器部分。

图 5-1　潜孔锤跟管钻具结构示意

应急水源快速成井钻进松散覆盖层或复杂地层时，采用常规气动潜孔锤容易出现垮孔、坍塌和卡钻现象，从而导致无法钻进。滤管-套管必须采用同步随钻跟进的方法。该方法钻孔不用泥浆，孔内干净，采用高压压缩空气洗井，减少了洗井时间，有利于提高工作效率；孔壁无泥皮，不会堵塞出水通道，有利于提高钻孔出水量；套管有利于保护孔内潜水泵，为潜水泵的维护提供了有利条件，有利于保障缺水地区群众长期饮水。

本研究的主要工作包括以下几个方面：

① 潜孔锤跟管钻具优选：目前气动潜孔锤跟管钻具主要有偏心跟管钻具、对心跟管钻具和同心跟管钻具 3 种，不同类型的潜孔锤跟管钻具均有不同的优缺点和适用范围，拟根据地层条件进行优选。

② 套管材质优选：选用抗冲击性能较好的套管材料，以及套管壁较厚的类型。

③ 将膨胀管固井工艺与滤管-套管随钻技术工艺相结合：在岩溶地区钻孔，由于地层原因容易出现溶洞，需采用膨胀管固井与滤管-套管随钻技术相结合的工艺解决溶洞成井困难的问题。

为使气动潜孔锤在高频冲击破碎套管内环空投影区岩石时，对环状套管壁下部投影区岩石进行冲击破碎，同时钻具向下锤击套管靴（套管靴内设置有台阶），钻具与套管同步向下进尺，实现跟管钻进快速钻进，设计跟管钻进钻孔原理如图 5-2 所示。气动潜孔锤跟管钻具是有机整合气动潜孔锤快速钻进和同步跟管护壁的关键部件，可以解决裸孔气动潜孔钻具在复杂地层钻进时所遇到的塌孔、掉块、缩径、漏失问题。对气动潜孔锤跟管钻具进行结构设计与优化，可提高冲击碎岩的效率，高效排渣并减少重复破碎，有效破碎环状套管壁下部投影区岩石，减小套管进尺阻力。

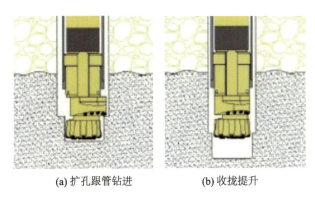

(a) 扩孔跟管钻进　　　　　(b) 收拢提升

图 5-2　气动潜孔锤跟管钻进原理示意

5.2.1　气动潜孔锤跟管钻具选型

（1）滑块式扩孔结构同心跟管钻具

滑块式扩孔结构同心跟管钻具由钻头体、中心钻头体、扩孔滑块、挡销、套管和套管靴组成，其中扩孔滑块在钻头体圆周上均匀分布，如图 5-3 所示。钻头沿轴向开斜槽，斜槽的基本尺寸与钻头滑块的基本尺寸相配合，斜槽与钻头滑块之间有可以自由活动的间隙配合。钻具扩孔的原理是在上部钻压和冲击器冲击的作用下，钻头体下压扩孔滑块使其沿轴向向上移动，同时在径向相对钻头体中心轴的位置外扩，到达设定的位置停止移动，此时便形成设定的扩孔直径。钻具向上拉提，扩孔滑块沿轴向向下运动，同时在钻头径向方向相对钻头体中心轴的位置收缩。钻头滑块与钻头体斜槽两侧配合面上设置两条凸缘，而在钻头体斜槽相对应的面上设置两条凹槽，钻头滑块的凸缘在钻头体凹槽内滑动，当钻头滑块向上移动时，钻孔直径增大；提拉钻头时，钻头滑块收回，整个钻头能顺利从套管中提起。在钻头体的下部设置挡销，用来限制钻头滑块轴向移动的距离，防止其从钻头体上脱落。钻进时，冲击力可通过钻头体斜槽的底面传递给钻头滑块，对岩层进行破碎，回转扭矩则由钻头体与钻头滑块两侧的配合面来传递。

1—钻头体；2—挡销；3—扩孔滑块；4—中心钻头体；5—套管；6—套管靴。

图 5-3　滑块式扩孔结构同心跟管钻具结构示意

滑块式扩孔结构同心跟管钻具结构简单、受力均衡、可靠性高，在一般覆盖层、砂卵石地层具有较高的钻进效率，但和其他张开结构形式的跟管钻具一样，在钻遇大漂石或大孤石时扩孔块可能会张开不充分，导致跟管效果一般。

（2）对心环状钻头跟管钻具

对心环状钻头跟管钻具主要由环状钻头、导向钻头、套管和套管靴组成，如图 5-4 所示。对心的环状钻头（扩孔器）内部有卡口连接装置；导向钻头内部有较大的洗井气孔，外部有冲洗槽；套管靴通过弹性卡箍结构与环状钻头相连接，以螺纹形式与在最下部的套管相接。钻进过程中，导向钻头通过卡口装置连接到环状钻头上，两者在孔内按顺时针方向回转碎岩。冲洗气体可以通过导向钻头与环状钻头之间的宽槽立刻返回地面，确保有效的冲洗效果。

1—环状钻头；2—套管靴；3—套管；4—导向钻头。

图 5-4　对心环状钻头跟管钻具结构示意

钻进扭矩通过钻杆柱和连接在环状钻头上的导向钻头传递，而不是靠套管传递。钻进完毕后，导向钻头在环状钻头内按逆时针方向回转，并且从环状钻头的卡口装置中脱开，进而从套管中提出。

本研究设计的环状钻头采用的是可回收结构，环状钻头的外径比套管外径大 10 mm。采用该结构，套管的跟进阻力小。对心扩孔钻进法在所有地层中都具有良好的钻进性能，能有效穿越大漂石和大孤石，钻进需要的回转扭矩小，钻具寿命长，钻进过程中井底冲洗充分，并且具有钻进斜孔的能力。

5.2.2　跟管钻进钻具规格参数

在复杂地质条件地层中进行直径不小于 168 mm 的水井施工，预计采用多级钻孔结构时，需要设计多种规格的跟管钻具来进行不同孔径的跟管钻进，跟管钻具的外形尺寸和规格主要由钻井工程中常用的套管尺寸和规格决定。跟管钻具的规格参数见表 5-1。

表 5-1　跟管钻具规格参数

型号规格	跟管外径/mm	跟管内径/mm	成孔尺寸/mm	套管靴最小内径/mm
Φ168	168	148	180	138
Φ178	178	158	194	148
Φ194	194	174	206	162
Φ219	219	199	234	187
Φ245	245	225	260	204

5.2.3　钻具材料的选择与加工

气动潜孔锤跟管钻具材料拟选择韧性好、强度高的钢材，以及性能好的硬质合金；钻具钢体需进行热处理，以进一步提高其综合机械性能。此外，采用冷压固齿工艺镶嵌硬质合金齿，以充分发挥合金的优势；在钻具外侧布设硬质合金，以提高钻具的耐磨性，延长使用寿命。

（1）钢材的选择

气动潜孔锤跟管钻具钻进时受力十分复杂，这就要求钢材具有如下特性：

① 坚韧耐磨，具有良好的韧性和刚性配合，即有较高的屈服极限、疲

劳强度和较好的冲击韧性、断裂韧性，能有效防止钻具钢体的塑性变形和脆性断裂，足以保证钻具几何形状的稳定性和工作的持久性。

② 在合理的固齿工艺条件下，具有良好的刚性和耐磨性。

③ 加工工艺性能良好，易切削，退火后硬度不大于 HB260。但也不宜过软，以免黏刀影响粗糙度，同时可淬性和淬透性要好。

④ 价格低廉。

根据以上特性，项目课题组比较了国内外多种合金钢后，拟选用钻具钢体材料 CM。该钢材具有良好的工艺性能和淬透性，韧性好，综合机械性能较好。该材料在炼钢阶段，采用电渣重熔冶炼方法，进一步提高钢的纯净度，并严格控制非金属夹杂物，以提高韧性，避免意外断裂。

（2）硬质合金的选择

气动潜孔锤跟管钻具的另一个主要材料是球齿硬质合金，其质量水平显著影响钻具质量。硬质合金具有硬度和抗压强度高、耐磨性好、抗高温能力强等优点，但它存在韧性较差、脆性较高、线膨胀系数小等不足，需要综合平衡。

球齿硬质合金的含钴量、碳化钨晶粒大小、组分纯度、孔隙大小、脆性等对合金性能有直接影响。合金的密度、硬度、抗弯强度、晶粒度、冲击韧性等物理机械性能指标，可以从不同侧面反映合金抗冲击、耐磨损能力。在晶粒大小相同的情况下，合金硬度随着含钴量的增加而降低，随着含钴量的降低和碳化钨晶粒的细化而提高。在常温时，硬质合金的抗弯强度为 $170 \sim 360 \ kN/mm^2$。目前，常用于凿岩的硬质合金材料钴含量为 $5\% \sim 16\%$，碳化钨晶粒度为 $2 \sim 5 \ \mu m$。

根据气动潜孔锤跟管钻具的实际需要，在钻具的不同部位选用不同的合金齿，拟选择合金的牌号主要有 YK05、YA85、YG9C、YG11C 等。

5.2.4 套管材质优选与结构优化

（1）套管材质优选

气动潜孔锤跟管钻进中，套管是在冲击作用力下向下延伸跟进的，因此套管在地层阻力和向下冲击力的作用下呈拉拔状态，特别是在深孔、大口径的跟管钻进中，套管外壁受破碎地层的摩擦，阻力非常大，套管之间的拉拔力随着钻进深度的增加逐渐增大。地质钻探中常用的 N40、N50 材质套管已经不能满足深孔冲击跟进的要求，目前石油钻探工程中常用的 J55/K55/N80/L80 或 P110 材质和地质钻探中性能表现较好的 R780 材质基本能满足常规气动潜孔跟管钻进的要求。上述各套管材质的主要合金化学元素成分见表 5-2，主要力学性能见表 5-3。

表 5-2　各套管材质主要合金化学元素成分　　　　　　　　%

牌号	化学成分								
	C	Si	Mn	P	S	Cr	Ni	Cu	Mo
J55/K55 (37Mn5)	0.34~ 0.39	0.20~ 0.35	1.25~ 1.50	≤0.020	≤0.015	≤0.15	≤0.20	≤0.20	
N80 (36Mn2V)	0.34~ 0.38	0.20~ 0.35	1.45~ 1.70	≤0.020	≤0.015	≤0.15			
L80 (13Cr)	0.15~ 0.22	≤1.00	0.25~ 1.00	≤0.020	≤0.010	12.0~ 14.0	≤0.20	≤0.20	
P110 (30CrMo4)	0.26~ 0.35	0.17~ 0.37	0.40~ 0.70	≤0.020	≤0.010	0.80~ 1.10	≤0.20	≤0.20	0.15~ 0.25
R780 (42MnMo7)	0.38~ 0.45	0.15~ 0.35	1.55~ 1.85	≤0.020	≤0.010	≤0.30	≤0.30	≤0.20	0.15~ 0.25

表 5-3　各套管材质主要力学性能

牌号	抗拉强度/MPa	屈服强度/MPa	伸长率/%	硬度
J55	≥517	379~552	≥17	
K55	≥517	≥655	≥17	
N80	≥689	552~758	≥16	
L80	≥655	552~655	≥16	≤241（HB）
P110	≥862	758~965	≥11	≤283（HB）
R780	≥834	≥579	≥15	≤245（HB）

从表 5-3 中可以看出，P110 材质的抗拉强度高于其他材质，R780 的抗拉强度次之（套管主要受拉力作用，抗拉强度是选材的主要依据）。价格方面，R780 比 P110 更具有优势，因此 R780 材质套管在气动潜孔锤跟管钻进应用中使用较多。

近年来，宝钢集团针对地质钻探深孔钻进的需求研发了另一种材质的套管材料 BGR900，其基本化学元素成分与 R780 相近，但由于在制造工艺上进行了优化，因此其综合力学性能优于 R780 材质（BGR900 材质的硬度更高和冲击韧性更好）。R780 与 BGR900 材质力学性能对比如图 5-5 所示，BGR900 材质的抗拉强度可达到 1001 MPa，具有极高的抗拉强度和极好的冲击韧性。综合评价显示，选用 BGR900 材质的套管进行气动潜孔锤跟管钻进具有可靠的强度保障，可满足较大口径深孔冲击跟管钻进要求。

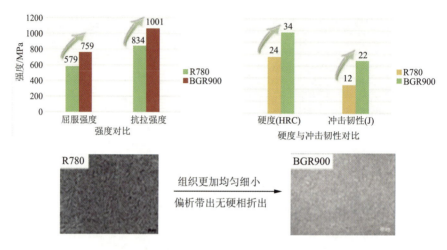

图 5-5　R780 与 BGR900 材质力学性能对比

（2）套管螺纹结构优化

套管断裂是导致跟管钻进失败的主要因素。套管断裂往往发生在两根套管螺纹连接处，尤以下部套管或底部套管靴的螺纹丝扣处多发。目前，常用梯形螺纹套管靴（见图 5-6a），其加工简单，加工精度要求低，因此得到了广泛的应用。但在较深跟管钻进施工中，它会发生螺纹横向断裂。因此，需要设计一种强度高、应力集中少、抗冲击性较好的螺纹，防止出现套管断裂导致的钻进失败。图 5-6b 所示为高强度波形螺纹套管靴，其公扣螺纹底部为圆弧结构，母扣螺纹为圆弧凸起结构，这种形式的螺纹结构抗拉、抗击冲性能好。

(a) 梯形螺纹套管靴　　　　　(b) 波形螺纹套管靴

图 5-6　梯形螺纹套管靴和波形螺纹套管靴

5.3　气动潜孔锤跟管钻进工艺参数选用

　　气动潜孔锤跟管钻进技术原理是通过气动潜孔锤这个能量转换装置，将压缩机产生的压缩空气的能量转化为对需要破碎的岩石进行高频冲击的能量。当这一能量（冲击功）达到岩石的临界破碎功时，岩石破碎，同时工作气体在一定的风速条件下将岩石颗粒排出孔外，以实现钻进的目的。此外，跟管钻具对套管靴上的台阶也有高频冲击作用，使得套管同步跟进。可以看出，气动潜孔锤跟管钻进工艺主要依靠由钻机、空压机、钻杆、套管、气动潜孔锤、跟管钻具等组成的有机单元（见图 5-7）实现。其中，钻机给孔内钻具提供回转扭矩和钻压，空压机持续为孔内潜孔冲击器提供风能（具有一定压力的大量空气）。

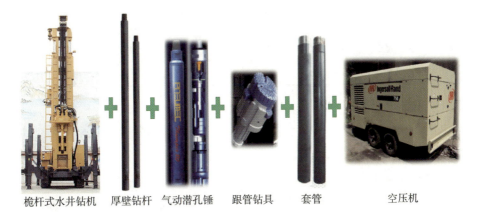

桅杆式水井钻机　　厚壁钻杆　气动潜孔锤　跟管钻具　　套管　　　　空压机

图 5-7　气动潜孔锤跟管钻进工艺设备

气动潜孔锤跟管钻进工艺技术虽然不复杂，但是如果不能科学、熟练地进行操作，就很难取得理想的钻进效果，有时还可能出现麻烦。因此，合理选用钻进技术参数，如钻压、风压、风量和转速，是取得理想钻进效果的基本前提。

（1）钻压

气动潜孔锤钻进的基本工作过程是在静压力（钻压）、冲击力和回转力共同作用下实现岩体的破碎。其中钻压的主要作用是保证钻头齿能与岩石紧密接触，克服冲击器及钻具的反弹力，以便有效地传递来自冲击器的冲击功。钻压过小，难以克服冲击器工作时的背压和反弹力，直接影响冲击功的有效传递；钻压过大，将会增大回转阻力，加剧钻头磨损。

对于潜孔锤全面钻进，单位直径的压力推荐值为 $30 \sim 90$ kg/cm^2；对于潜孔锤跟管钻进，单位直径的压力推荐值可查资料较少，根据经验，在软至中硬岩层取 $78 \sim 199$ kg/cm^2。另外，钻压的合理选择应考虑钻进方式（同心或偏心跟管、全面钻进或取心钻进等）、设备性能、钻具匹配（钻具钻量），以及所选用的冲击器的性能（如低风压还是中高风压，工作压力不同则背压不同），既要达到最佳的钻进效果，又要最大限度地减少钻具及钻头的磨损。

气动潜孔锤跟管钻进施工地层以软和中硬地层为主，通过计算可得钻进过程中钻机需向孔内钻具提供的轴向压力范围值。各规格跟管钻具所需轴向压力值见表 5-4（钻具外径比套管外径大 10 mm 左右）。

表 5-4 各规格跟管钻具所需轴向压力值

规格	$\Phi168$ mm	$\Phi178$ mm	$\Phi194$ mm	$\Phi219$ mm	$\Phi245$mm
破碎面积/cm^2	249	278	326	412	510
轴向压力/kN	$19.5 \sim 49.5$	$21.7 \sim 55.3$	$25.4 \sim 64.9$	$3.21 \sim 82$	$39.8 \sim 101.5$

（2）钻具转速

钻具转速的高低主要与冲击器的尺寸大小、冲击频率及钻岩的物理机械性质有关。一般钻具转速以 20 r/min 为宜，转速过高会造成钻头严重磨损和钻进效率降低。由于气动潜孔锤钻进是以冲击功碎岩的，钻具回转运动是为了改变钻头合金的冲击碎岩位置，避免重复破碎，因此，合理的钻具转速应保证是在最优的冲击间隔范围之内的转速。

最优冲击间隔多用两次冲击之间的转角表示，钻具转速、冲击频率和最优转角之间的关系如下：

$$A = 260n/f \qquad (5-1)$$

式中，A 为最优转角，（°）；n 为钻具转速，r/min；f 为冲击频率，次/min。

美国水井学会的康伯尔认为，在硬岩中两次冲击之间的最优转角为 11°，因而主张钻具转速控制在 18~30 r/min。我国工程师在多年的施工过程中对各种地层及潜孔锤钻进的不同钻进方式进行了研究，研究结果显示，钻具转速控制在 20~50 r/min 是比较合理的，对于硬岩层选用低转速，对于软岩层选用较高转速。

（3）空气压力

空气压力是决定气动潜孔锤冲击频率和冲击功的重要因素，也是影响机械钻速的主要参数。国内外大量研究资料显示，机械钻速和空气压力值成正比。例如，当空气压力从 0.6 MPa 提高至 1.03 MPa 时，气动潜孔锤钻进速度可提高一倍。

空气压力除应满足气动潜孔锤工作压力外，还需考虑管道压力损失、孔内压力降、潜孔锤压力降等。在有水情况下钻机还需克服水柱压力，才能正常工作。空气压力可由下式计算：

$$P = \Delta p \cdot L + P_m + P_{锤} + P_{水} \qquad (5-2)$$

式中，P 为空气压力，MPa；Δp 为每米干孔的压力降，MPa/m（一般为 0.0015 MPa/m）；L 为钻杆柱长度，m；P_m 为管道压力损失，MPa（$P_m = 0.1~0.3$ MPa）；$P_{锤}$ 为潜孔锤压力降，MPa；$P_{水}$ 为钻孔内水柱压力，MPa。

从式（5-2）可以看出，在无水条件下，钻进深度越大，空气压力就越大。随着空气压缩机设备的发展，高风压设备的运用越来越广泛。为提高钻进速度，气动潜孔锤一般选择气压大于 1.5 MPa 的高风压空压机匹配高风压冲击器使用。

设计应急水源成井钻机拟采用长沙天和钻具公司的潜孔冲击器，$\Phi155~\Phi190$ mm 口径采用 DHD360 型冲击器，$\Phi203~\Phi254$ mm 口径采用 DHD380 型冲击器，其基本结构如图 5-8 所示，两款冲击器的工作参数见表 5-5。

图 5-8　应急水源成井钻机选用潜孔冲击器示意

表 5-5　应急水井成孔钻机选用潜孔冲击器工作参数

型号	钻孔直径/mm	外径/mm	质量/kg	工作气压/MPa	耗风量/（m³·min⁻¹）	冲击功/J	冲击频率/Hz
DHD360	155~190	136	130	1.0~2.1	8.5~25	820	14~24
DHD380	203~254	180	200	1.0~2.1	12~31	1560	14~25

（4）空气量

气动潜孔锤钻进过程中的空气消耗量根据气动潜孔冲击器的性能参数（耗气量）及为清除孔内岩屑的最低上返速度确定。

根据文献资料，为保持携带和清除孔底岩屑的钻孔环隙，取心钻进时，岩屑上返速度 $v = 10 \sim 15$ m/s，全面钻进时 $v = 20 \sim 25$ m/s。满足上述要求的空气量的计算如下：

$$Q = 47.1 k_1 k_2 (D^2 - d^2) v \tag{5-3}$$

式中，Q 为钻进时单位时间所需空气量，m³/min；k_1 为孔深损耗系数，孔深 $100 \sim 200$ m 取 $1.0 \sim 1.1$；k_2 为钻进至含水层时风量增加系数，其值与涌水量有关（孔内水量为无或少量时，k_2 取值 1.1；孔内有中等以上涌水量时，k_2 取值 1.5）；D 为钻孔直径或套管内径，m；d 为钻杆外径，m；v 为环状间隙岩屑上返速度，m/s。

应急水源成井的主要孔径为 Φ168 mm，钻进时一般匹配 Φ89 mm 的钻杆，钻深 60 m 时孔深损耗系数 k_1 取值 1.1，孔内水量按中等计，k_2 取值 1.5，跟管套管内径为 Φ148 mm，岩屑上返速度取 $15 \sim 20$ m/s，计算所需风量为 $16.3 \sim 21.7$ m³/min。为了应对特别复杂的地层的跟管需要，预留了一级 Φ245 mm 规格的浅层跟管钻进，套管内径为 Φ225 mm，匹配 Φ114 mm

的钻杆，浅覆盖层孔深损耗系数 k_1 取值 1.0，在孔内水量为无或少量时，k_2 取值 1.1，岩屑上返速度取 10 ~ 15 m/s，计算此工况所需风量为 19.5 ~ 29.2 m³/min。分析计算显示，在山区和边远灾区应急水源成井跟管钻进快速施工中需配 1 台供风量为 25 ~ 30 m³/min 的高风压空压机，这里选用美国寿力 900XH 型高风压空压机，其供压范围为 2.07 MPa（300 psi）至 2.41 MPa（350 psi）；气量范围为 25.5 m³/min（900 cfm）至 27.8 m³/min（980 cfm），采用康明斯柴油机驱动，在高原地区能正常工作。

综上所述，气动潜孔锤跟管钻进技术参数的选择应考虑岩石的机械特性、冲击器的性能、钻孔深度、孔内水柱压力、钻孔口径等诸多因素，在取得最佳钻速的同时，避免更多的动力及成本消耗。

5.4　跟管钻进复杂地层钻孔结构设计

应急水源成井首先要快速完成井眼的钻进成孔。施工中，需要根据现有的地质资料尽快弄清地层信息并制订钻孔方案，特别是在地质条件复杂的地区，如果没有明确的钻孔方案和有效的预备方案，很难实现快速成孔，极易造成钻孔失败或严重超工期。

跟管钻进技术在复杂地层具有很强的适应性，在松散垮塌地层钻进速度高。为了提高成井率和成井效率，应对钻孔可能遇到的几大类难钻地层设计相应的钻孔结构。井眼应允许放置常规潜水泵，设定钻孔终孔口径在 Φ160 mm 左右。现根据地层情况的差异，提出以下钻进建议。

地层情况 1：上部为浅覆盖层，下部为较深松散层、破碎软岩层，地下含水层在下部岩层中。钻孔结构：采用 Φ168 mm/Φ178 mm 跟管钻进，一径到底钻至设计深度（不小于 60 m）或进入含水层，套管暂时留置孔内护壁，钻孔结构图如图 5-9a 所示。

地层情况 2：上部为覆盖层，下部为较完整硬岩层（地下水储层）。钻孔结构：采用 Φ219 mm 跟管钻进，穿过上部覆盖层钻至完整硬岩层，套管暂时留置孔内护壁；换径采用 Φ171 mm 裸孔潜孔锤快速钻进至设计深度（不小于 60 m）或进入含水层，钻孔结构图如图 5-9b 所示。

地层情况 3：上部为深厚覆盖层（无地下水），下部为松散层、破碎软岩层（地下水储层）。钻孔结构：采用 Φ219 mm 跟管钻进，钻至极限深度 55 m 左右；若还未钻至含水层，则换径采用 Φ168 mm/Φ178 mm 跟管钻进至设计深度或进入含水层，两级套管暂时留置孔内护壁，钻孔结构图如图 5-9c 所示。

地层情况 4：极端复杂地层，上部为深厚覆盖层（无地下水），中下部为较破碎中硬岩层（无地下水），下部为较完整硬岩层。钻孔结构：采用 Φ245 mm 跟管钻进，钻至极限深度（小于 50 m），换径采用 Φ194 mm 跟管钻进，穿过破碎中硬岩层至较完整地层，该口径最大的跟管钻进深度在 110 m 即（50+60）m 左右，套管暂时留置孔内护壁；若还未钻至含水层，则再次换径采用 Φ160 mm 裸孔潜孔锤快速钻进至含水层，钻孔结构图如图 5-9d 所示。

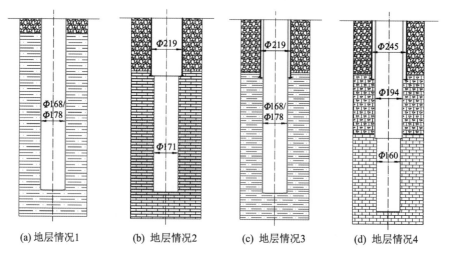

(a) 地层情况1　　(b) 地层情况2　　(c) 地层情况3　　(d) 地层情况4

图 5-9　复杂地层跟管钻进钻孔结构

图 5-9a 所示钻孔结构主要针对含水层较浅且地层松软的情况；大多数成井地层与图 5-9b 所示钻孔结构对应的地层类似，在水井成井施工中运用较多；图 5-9c 所示钻孔结构主要针对含水层埋深较深且地层松散垮塌的情况，也比较常用；图 5-9d 所示钻孔结构主要针对含水层埋深非常深（常年干旱地区）且中部地层硬脆碎，地层比较复杂，常规回转成孔钻进效率低或无法成孔的情况，跟管钻进技术在此类地层中成孔具有明显优势，在其他钻孔结构的应用中跟管钻进技术在成孔速度上也有很大的优势。

5.5　跟管钻进快速成井工序确定

气动潜孔锤随钻跟管钻进快速成井过程一般分成以下几步。第一步，快速成孔，通过滤管–套管随钻跟管钻进技术解决复杂地层成孔难的问题；第二步，采用高压压缩空气洗井，通过抽吸产生的负压洗通出水通道，清除孔内岩屑；第三步，在套管内下入潜水泵，进行抽水试验，通过试抽水获取该孔的相关水文参数，然后根据相关资料调整潜水泵的类型，使其适合该井的情况，并按照相关规范进行正规抽水试验；第四步，经过计算确定可开采水量，从而确定应该安装的潜水泵的扬程、抽水量和电机功率，完成井台建设。具体成井过程示意如图 5-10 所示。

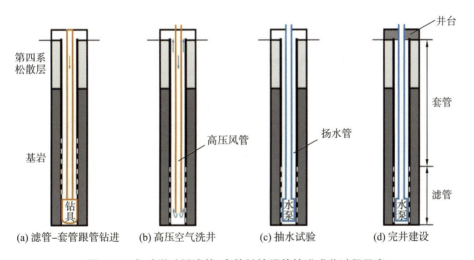

图 5-10　气动潜孔锤滤管–套管随钻跟管钻进成井过程示意

5.6　气动潜孔锤跟管钻进气动冲击系统设计

在气动潜孔锤钻进过程中，高压空气驱动冲击器内的活塞做高频往复运动，并将该运动所产生的动能源源不断地传递到钻头上，使钻头获得一定的冲击功。钻头在该冲击功的作用下，连续地对孔底岩石施加冲击。岩石在该冲击功的作用下，体积破碎。同回转钻进相比，该工艺以钻头冲击破碎岩石取代了切削岩石，以动载冲击代替了静载研磨，以岩石的体积破碎代替了研磨剪切破碎。在潜孔锤钻进的同时，一部分发生体积破碎的岩屑被具有一定压力及速度的空气吹离孔底，并排出孔口，减少了岩石重复破碎的发生，所以气动潜孔锤有较高的钻进效率。与传统的纯回转式钻进工艺相比，气动潜孔锤钻进技术具有钻进效率高、钻具使用寿命长、可预防井壁弯曲、可保持井内清洁度以及对井底地下水层与地面环境无污染等优势。

气动潜孔锤跟管钻进工艺采用的主要设备器具包括钻机、空压机、高压风管、钻杆、套管、气动潜孔锤、跟管钻具等，其基本组成如图 5-11 所示。

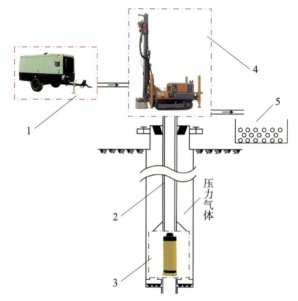

1—空压机；2—厚壁钻杆；3—气动潜孔锤；4—履带式水井钻机；5—沉渣池。

图 5-11　气动潜孔锤钻进设备基本组成

气动潜孔锤钻进操作技术简单，但钻进效果受钻压、风压、风量和转速等参数的影响较大，因此合理选用钻进技术参数是取得理想钻进效果的基本条件。

5.6.1　空气压力

空气压力是指成井作业时气动潜孔锤尾部接头处输入的压缩空气的

压力。

　　由式（5-2）可知，空气压力越大，钻机理论钻进深度就越深。空气压力的选用参考《空压机、凿岩机械与气动工具　优先压力》（GB/T 4974—2018），具体如表 5-6 所示。为提高钻进效率，本书选择 $p_k = 2.5$ MPa 的高风压空压机匹配高风压冲击器使用。

表 5-6　空气压力的选用

优先压力/Pa	典型应用场景举例
4×10^5	煤矿用凿岩机及其他设备
6.3×10^5	通用凿岩机械；道路施工及建筑设备；机加工车间、钣金行业用工程工具等
10×10^5	批量生产用喷砂设备；潜孔冲击器
16×10^5	重型潜孔冲击器
25×10^5	重型工程机械

5.6.2　冲击碎岩执行元件结构参数

　　气动潜孔锤碎岩冲击器由气缸推动，气缸缸径由气动潜孔锤钻进时的孔口直径决定，一般表示为经验函数：

$$D_g = KD_k = (0.57 \sim 0.68)D_k \tag{5-4}$$

一般 K 值取 0.6，应急水源成井钻机钻井作业的钻孔直径 $D_k = 110 \sim 300$ mm，则 $D_g = 66 \sim 180$ mm。

　　气动潜孔锤分为强力型和高频型，两种型号的气动潜孔锤在设计气缸行程时有不同的设计标准。在进行大孔径钻井作业或在高硬度岩层中钻进时应当选用强力型气动潜孔锤，其冲击频率较低，单次能够输出较大的冲击功。而高频型冲击碎岩的输出频率较高，但单次输出的冲击功小，适用于小孔成井作业或在软土层、中硬度以下的岩层中钻进。

　　应急水源成井钻机的主要成井孔径较小，且工作工况中岩石硬度低，因此选用的气动潜孔锤为高频型，根据设计经验取气缸活塞行程为 $L_g = 100$ mm。

第 6 章　山区和边远灾区地下水源膨胀管固井技术与装备

6.1　膨胀管固井技术国内外发展现状

膨胀管技术最早由荷兰皇家壳牌石油公司提出。为了加快膨胀管技术的发展，1998 年底壳牌公司与美国哈里伯顿能源服务公司合作成立了 Enventure 公司，着力于膨胀管工艺技术的开发和商业化的推广。

1999 年 11 月 25 日，Enventure 公司完成了膨胀管的首次商业应用。作业是在墨西哥湾一口深 4023 m 的井眼中进行的，这次施工对直径为 193.68 mm、长度为 301.75 m 的 API 5CT L80 套管柱进行了膨胀作业，密封依靠弹性密封件实现，膨胀过程利用液压推动膨胀工具实现，管柱的直径被膨胀了约 15%。

目前，实体膨胀管 99% 的施工进尺是由 Enventure 公司实施的，该公司开发了 3 种实体膨胀管技术。第一种是膨胀裸眼井尾管系统，主要解决井眼稳定以及地层压力（破裂压力）等产生的土体失稳问题；第二种是膨胀套管井尾管系统，主要用于补贴作业，该技术尤其适合修补大段损坏的套管；第三种是膨胀尾管悬挂系统，该系统集传统的尾管悬挂器和尾管上封隔器的功能于一体，结构简单可靠，避免了环形空间可能发生的漏失，而且增加了悬挂器和尾管内部的可用内径。

苏联很早就进行了实体膨胀管技术的研究与应用，鞑靼石油研究设计院的实体膨胀管技术在苏联居领先地位。

目前，在全世界范围内，尤其是在石油工业先进国家，膨胀管技术正处于蓬勃发展之中，下入长度不断增加，工艺手段不断进步，应用场景不断扩展。例如，边旋转边膨胀的膨胀锥头、高抗挤的厚壁膨胀管的研制，使得在定向井和水平井中应用膨胀管技术成为可能。

　　近年来，我国的石油钻井科技研究人员已经注意到了国外膨胀管技术的发展，认识到了膨胀管技术对促进我国油气井工程技术发展的重大意义，并且开展了一些立项研究。除在石油钻井领域开展专项研究外，我国地质勘探领域也开始了膨胀管技术研究。但是，目前该项技术在国内仍处于起步摸索阶段。

6.2　膨胀套管固井技术原理

　　膨胀套管固井技术原理是将异形截面的套管下入需要支护的孔段，在水压或机械装置的作用下将管材胀圆，使之产生永久变形，在目标孔段形成临时套管支护孔壁。相对于传统的多级套管和水泥浆固井方法，该技术具有不损失孔径、封固效果明确、应用地层广泛、施工过程简单可靠和成本低等优点，在钻探工程中有广阔的应用前景。

　　针对山区和边远灾区应急水源的"钻孔—成井—固井"一体化装备研发需求，项目课题组研制了一套基于膨胀套管封隔技术的快速固井技术装备，开发出复杂特殊地质条件下膨胀套管快速固井技术，以支撑极端复杂地质救灾环境的应急水源快速成井技术体系，为山区和边远灾区应急供水提供技术保障。

　　膨胀套管快速固井技术采用冷拔工艺将特殊性能的圆形管材压制成多瓣梅花形的截面。该异形截面最大外径比原套管小一个层级，在水压和机械装置的作用下膨胀套管可以膨胀到原来套管的直径，从而实现小口径下入、大口径支护的技术目标。该技术可以有效减少应急水井的套管层级，实现一径成孔，从而简化孔身设计，降低对施工装备的要求，极大地提高快速成井的施工效率和成功率。

　　膨胀套管变形过程示意如图 6-1 所示。

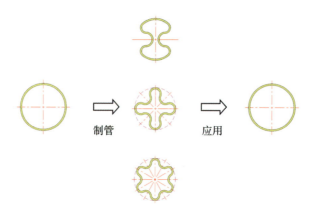

图 6-1　膨胀套管变形过程示意

6.3　膨胀套管快速固井工艺流程

依据山区和边远灾区应急供水快速成井的工程特点，膨胀套管快速固井技术开发制定的工艺流程共分为六步。

① 确定固井深度和长度：根据钻孔施工和返渣的具体情况，判断孔内固井段的位置和长度，确定需要膨胀套管固井的深度和长度，计算膨胀固井所需的膨胀套管长度。

② 制作下入的膨胀套管管串：截取施工所用的膨胀套管，粘贴悬挂胶条，连接下入器具。同时在地面进行打压膨胀实验，确保膨胀套管固井的可靠性。

③ 扩孔作业：下入扩孔钻头，对固井孔段进行扩孔作业。

④ 下入膨胀套管：将制备好的膨胀套管管串送入孔内预定的固井位置。

⑤ 固井套管膨胀作业：利用水压膨胀，将膨胀套管膨胀到一定尺寸。

⑥ 割头去尾：将完成膨胀的套管切去上下端，形成后续作业通路。

膨胀套管快速固井施工过程示意如图 6-2 所示。

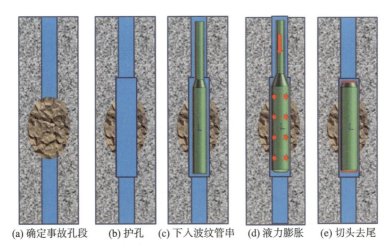

(a) 确定事故孔段　(b) 护孔　(c) 下入波纹管串　(d) 液力膨胀　(e) 切头去尾

图 6-2　膨胀套管快速固井施工过程示意

6.4　膨胀套管快速固井成套装备

膨胀套管快速固井成套装备包括膨胀套管、扩孔钻头、下入器具、割刀和其他辅助器具。

下面主要介绍膨胀套管、扩孔钻头和下入器具。

6.4.1　膨胀套管

膨胀套管快速固井技术采用的膨胀套管为六瓣梅花形截面管，截面设计和膨胀套管实物如图 6-3 所示。

(a) 截面设计　　　　　　　　　(b) 实物

图 6-3　膨胀套管截面设计和实物图

该膨胀套管可以实现 Φ168 mm 口径的一径成孔。

6.4.2 扩孔钻头

为了实现不损失孔径的目标，在固井段预留膨胀套管的膨胀空间，在预定固井段进行扩孔。膨胀套管快速固井技术采用的扩孔钻头为可伸缩式局部扩孔钻头（见图 6-4），该钻头采用弹簧活塞式结构，由活塞杆上的齿轮齿条机构带动扩孔翼板伸缩。

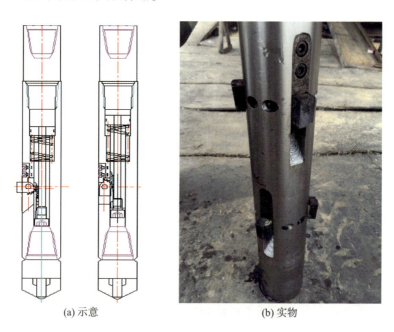

(a) 示意   (b) 实物

图 6-4　扩孔钻头示意和实物图

6.4.3 下入器具

膨胀套管快速固井技术的下入器具是将膨胀套管送入孔内并实现水压膨胀的装置，由通管器、下入器具和膨胀套管组成，如图 6-5 所示。

通管器　　　　下入器具　　　　膨胀套管

图 6-5　下入器具示意图

6.5　膨胀套管快速固井核心技术创新

针对山区和边远灾区应急供水的快速成井需求，项目课题组对膨胀套管快速固井核心技术进行了创新。

6.5.1　优化膨胀套管截面形状参数

绘制不同截面形式和尺寸的多种截面，利用 ANSYS 数值模拟软件对不同截面的膨胀过程进行比较，优选出最佳的截面形状参数。设计截面图纸如图 6-6 所示。

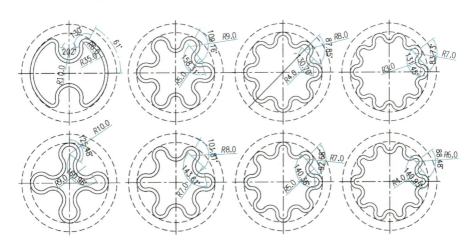

图 6-6　不同截面形式的膨胀套管设计图纸

6.5.2　研制"三合一"式钻具

为了提高膨胀套管固井施工的效率和可靠性，项目课题组研制了具有扩孔、测径和捞渣三项功能的"三合一"式钻具。该钻具为三段式结构，上部测径，中部扩孔，底部捞渣。钻具结构形式如图 6-7 所示。

该"三合一"式钻具将传统的多次下入不同钻具完成扩孔、测径和捞渣工序，改进为一次下入完成三道工序，极大地缩短了膨胀套管施工时间，实现了快速固井的目标。

图 6-7 "三合一"式钻具结构示意图

6.5.3 设计新式扩孔钻头

设计扩孔钻头为挤出滑块式结构,中心杆在水压作用下上行,推动翼板(滑块)沿斜面滑出,进行扩孔。工作完成后停泵,滑块在弹簧力作用下复位。挤出滑块式扩孔钻头结构示意如图 6-8 所示。

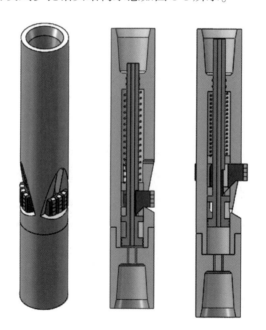

图 6-8 挤出滑块式扩孔钻头结构示意

该钻头不仅增大了扩孔翼板的工作面积(是原扩孔钻头工作面积的6 倍),而且取消了外露的栓钉结构,使其结构更合理,性能更可靠。

6.6 膨胀套管快速固井操作流程

6.6.1 确定膨胀套管固井施工的深度和长度

依据快速成井施工作业的孔内情况，确定膨胀套管固井施工的深度和长度。快速成井的固井段通常位于有溶洞、裂隙和坍塌等复杂地层。根据钻头下入深度和孔口返渣的具体情况，判断固井段的深度和长度。

6.6.2 制作膨胀套管管串

（1）钻杆地面压力测试

结合施工现场情况，随机选取钻杆进行地面压力测试，依据测试结果确定钻杆密封压力。

（2）膨胀套管地面膨胀打压测试

对制作膨胀套管管串的余料进行打压测试，观察膨胀结果，测量膨胀尺寸，确保膨胀套管固井的可靠性。

（3）膨胀套管悬挂部位处理

对膨胀套管两端进行清洁处理，粘贴悬挂橡胶条。

（4）组装膨胀套管管串

将膨胀套管下段密封，上端安装下入器具和割刀，连接增压装置，测试膨胀套管密封性。

6.6.3 扩孔作业

（1）确定扩孔距离

根据膨胀管固井位置，以及钻杆、立根、立柱长度，确定扩孔段深度和扩孔段长度。

（2）做好扩孔准备

为保证扩孔工作的正常进行，提前确定扩孔钻头与现场配套泥浆泵的参数，在井口对扩孔钻头进行工作性能测试，确定扩孔翼板完全张开时泥浆泵的压力。

（3）进行扩孔施工

顺序连接扩孔钻头、立根、立柱后，开启钻机系统、泥浆泵系统，放置钻杆至预定井深处进行扩孔。

（4）检验扩孔效果

扩孔工作完成后，保持泥浆泵在开启状态，并提升、下放钻具。若钻具提升、下放正常，则认为扩孔效果良好；若钻具提升、下放遇阻，则需从遇阻上段开始重新扩孔工作，直至完成所有扩孔作业。

（5）查验钻头

扩孔作业完成后提出扩孔钻头，在孔口检验扩孔钻头磨损情况。

6.6.4　膨胀套管下入和膨胀作业

（1）下放作业

借助夹持工具将膨胀套管下放至孔口，依次连接钻杆，缓慢下入膨胀套管直至到达预定位置。

（2）打压膨胀作业

利用地面打压系统（泥浆泵、增压装置及高压管）对井孔中的膨胀套管进行打压，直至达预定压力。

6.6.5　切头去尾作业

启动钻机，旋转钻杆带动割刀切割膨胀管上端，持续下行一定距离，顺利通过后继续下行到膨胀套管下端，继续切割膨胀管下端。

6.7　膨胀套管快速固井施工现场设备需求及工艺参数

膨胀套管快速固井施工现场需要一些机具配合施工，主要是钻机和泥浆泵。膨胀套管快速固井施工应用机具见表6-1，膨胀套管快速固井施工工艺参数见表6-2。

表 6-1　膨胀套管快速固井施工应用机具

序号	装备	性能需求	提供方
1	钻机	转速 100~140 r/min，提升力≥3 t	现场施工方
2	泥浆泵	最高压力≥10 MPa	现场施工方
3	膨胀套管	胀后外径≥168 mm	项目课题组
4	扩孔钻头	下入孔径<168 mm，扩孔直径≥175 mm	项目课题组
5	下入装置	封压能力≥25 MPa	项目课题组
6	增压装置	3 倍增压	项目课题组

表 6-2　膨胀套管快速固井施工工艺参数

工艺流程	钻机		泥浆泵	
	转速/(r·min^{-1})	钻压/(t·km^{-1})	泵压/MPa	介质
扩孔	100	20	3~4	泥浆
膨胀		0	8	清水
切头	100	10	3~4	
去尾	100	10	3~4	泥浆
磨底	100	20	3~4	泥浆
机械膨胀	100	50	6~7	清水

第7章 山区和边远灾区成井的地下水监测

面向山区及边远灾区救灾和生活供水保障需求，针对山区及边远灾区含水层强漏失、强污染等极端复杂情况，项目课题组在"钻孔—成井—固井"一体化装备中集成井下地下水监测模块，以快速获取水文水质参数等信息，支撑应急供水系统。井下地下水监测模块拟通过钻机搭载集成，可实现地下水实时监测信息快速动态采集与交互传输，为水井群孔位动态决策提供水质、水量等参数信息，为提水水泵参数设置提供单井涌水量、出水地层深度等参数信息。

7.1 井下传感器组件技术遴选比对

从山区和边远灾区成井的地下水监测需求出发，遴选适合原位监测或井下长时间序列实时监测的地下水参数指标，并对已有地下水监测产品进行技术比对，完成遴选、组配、调试、信号集成采集与输出，以期实现地下水环境定制化指标的井下原位监测。遴选比对产品有荷兰的 Diver 系列、美国的 in-situ 系列、加拿大的 Solinst 系列等，产品类型涉及压力传感器、温度传感器、电导率电极、pH 电极等。

井下传感器组件集成地下水位、电导率、pH、溶解氧（DO）、流量、氨氮、浊度、化学需氧量（COD）、水中油、叶绿素、蓝绿藻、透明度和氧化还原电位（ORP）等传感器。调研遴选工业界较成熟的地下水监测传感器组件，如表 7-1 所示。

表 7-1　井下传感器组件遴选清单

监测指标	量程	精度	原理	型号	品牌	接口形式	防护等级	外形尺寸	集成形式
地下水位	0~50 m	0.05%F. S.	硅电容静压法	FV-YL-1	翔锋	RS485, Modbus	IP68	Φ22 mm×150 mm	井下
电导率	0~50000 μs/cm	5%F. S.	四电极法		蛙视	RS485, Modbus	IP68	Φ22 mm×170.5 mm	井下
流量	0.02~5.00 m/s	±1%±0.01 m/s	多普勒超声面积法	FV-LSX-3	翔锋	RS485, Modbus	IP68	210 mm×55 mm×35 mm	井下
浊度	0~4000 NTU	3%F. S.	红外光谱法		蛙视	RS485, Modbus	IP68	Φ22 mm×170.5 mm	井下
pH值	0~14	±0.2	玻璃电极法		蛙视	RS485, Modbus	IP68	Φ22 mm×170.5 mm	井下
氨氮值和K⁺浓度	0~1000 mg/L	氨氮、K$^+$浓度读数的15%	离子选择电极法	FV-ISE-2	翔锋	RS485, Modbus	IP68	Φ34 mm×170.5 mm	井下
DO含量	0~20 mg/L	±0.3 mg/L	荧光法	FV-FDO-1	翔锋	RS485, Modbus	IP68	Φ22 mm×170.5 mm	井下
COD含量	0~200 mg/L	±2%F. S.	双波长紫外分光光度法	FV-UVCOD-1	翔锋	RS485, Modbus	IP68	Φ45 mm×180 mm	井下
水中油	根据实际油样抉定	3%F. S.	荧光法	FV-OIL-1	翔锋	RS485, Modbus	IP68	Φ45 mm×180 mm	井下
叶绿素含量	0.15~400 μg/L	R^2>0.999	荧光法		是能	RS485, Modbus	IP68	Φ22 mm×180 mm	地面
蓝绿藻含量	0.15~100 μg/L	R^2>0.999	荧光法		是能	RS485, Modbus	IP68	Φ22 mm×180 mm	地面
透明度	5.00~2000.00 cm	0.1 cm	反射法		是能	RS485, Modbus	IP68	Φ25 mm×180 mm	井下
氧化还原电位	-1999~+1999 mV	±20 mV	玻璃电极法		是能	RS485, Modbus	IP68	Φ25 mm×180 mm	井下

下面仅对部分设备关键参数及原理进行介绍。

（1）地下水位传感器

1）工作原理

中央处理单元实时采集或定时采集压力传感器、温度传感器信号，并在内部运用复杂算法对传感器数据进行修正。

2）参数

测量指标：地下水位　　　　　　　测量方法：硅电容静压法

量程：0~50 m　　　　　　　　　测量精度：0.05%F. S.（0~50 ℃）

分辨率：1 mm　　　　　　　　　温补范围：0~50 ℃

静态功耗：5~10 μA　　　　　　　温度测量精度：±0.2 ℃

通信接口：RS485(Modbus)或4~20 mA　供电电压：5~24 VDC

防护等级：IP68　　　　　　　　　运行温度：-10~70 ℃

存储温度：-30~65 ℃（无凝露）　温度测量分辨率：0.02 ℃

（2）电导率传感器

1）工作原理

基于四电极测量电导原理，设置2根石墨电极（第一对电极），2根铂丝电极（第二对电极）。在第一对石墨电极之间生成恒压交流电，第二对铂丝电极调节第一对电极的施加电压，使其不受污垢影响。第一对电极之间测得的电压与介质的阻力有关，即与电导率有关。

2）参数

测量指标：电导率　　　　　　　　电极类型：四电极法

量程：0~50000 μS/cm　　　　　　测量精度：5%F. S.

量程漂移：<0.5%　　　　　　　　分辨率：0.1 μS/cm

零点漂移：<0.5%　　　　　　　　实际水样比对相对误差：±0.1%

电极常数：0.1，1，10 cm⁻¹　　　供电电压：12/24 VDC

通信接口：RS485（Modbus RTU）

（3）浊度传感器

1）工作原理

传感器内部包含一个红外 LED 和两个光电探测器，红外 LED 发射出的红外光在传输过程中经过被测物体时会发生散射。在一定的范围内，散射光光强与浊度及悬浮固体的浓度成正比。在传感器内部设置两个散射光接收光电探测器，90°散射光接收光电探测器用于测量低量程，135°散射光接收光电探测器用于测量高量程。传感器内部自带参考光路，用于抵消光强变化等造成的测量误差。

2）参数

测量指标：浊度　　　　　　　　量程：0~4000 NTU

测量精度：±3%F.S.　　　　　　分辨率：0.01 NTU

光源：红外光 860 nm±20 nm　　防护等级：IP68

输出：RS485（Modbus）或 4~20 mA　供电电压：9~24 V@60 mA

（4）pH 传感器

1）工作原理

用玻璃电极与参比电极组成原电池，当玻璃电极浸入溶液中时，玻璃膜表面水合层与被测溶液中的氢离子发生离子交换，这种离子交换在玻璃膜内外表面产生电位差，通过测量这一电位差可以检测溶液中的氢离子浓度，从而测得被测液体的 pH 值。

2）参数

测量指标：pH　　　　　　　　　测量方法：玻璃电极法

量程：0~14　　　　　　　　　　准确度：±0.1

量程漂移：±0.1　　　　　　　　实际水样比对：±0.1

灵敏度：（57~59）mV/pH　　　　分辨率：0.01

通信接口：RS485（Modbus RTU）　工作电压：12/24 VDC

（5）氨氮和 K^+ 传感器

1）工作原理

覆膜是离子选择性电极（ISE）的核心部件，用于选择测量的离子。覆膜带离子载体，特定种类的离子（如氨氮或硝氮）可以选择性"迁移"通过覆膜，随后到达电极。离子迁移完成后，电荷发生变化，覆膜内外表面产生电位，电位值与离子浓度的对数成比例。恒定电位的参比电极用于测量电位，并基于能斯特方程（Nernst）计算离子浓度。基于离子选择电极法测量原理，测量结果不受色度和浊度的影响。

2）参数

测量指标：氨氮值、K^+浓度　　　量程：0~1000 mg/L

分辨率：（最小量程）0.01 mg/L　测量精度：15%读数

零点漂移：≤3%F. S.　　　　　　　供电电压：9~30 VDC

通信接口：RS485（Modbus RTU）　最高波特率：115200 b/s

（6）COD 传感器

1）工作原理

采用双波长紫外分光光度法，同时测量 254 nm 和 546 nm 处吸光度值，测量值可转换成 COD（化学需氧量）、BOD（生物需氧量）、TOC（总有机碳）等。

2）参数

测量指标：COD　　　　　　　　　测量方法：双波长紫外分光光度法

量程：0~200 mg/L　　　　　　　　测量波长：254 nm、546 nm

测量精度：±2%F. S.　　　　　　　分辨率：0.1 mg/L

供电电压：12/24 VDC　　　　　　　防护等级：IP68

通信接口：RS485（Modbus）

（7）氧化还原电位（ORP）传感器

1）工作原理

ORP 计是测试溶液氧化还原电位的专用仪器，由 ORP 复合电极和毫伏计组成。ORP 电极是一种可以在其敏感层表面进行电子吸收或释放的电极，敏感层多为惰性金属，通常用铂合金来制作。参比电极是和 pH 电极一样的银/氯化银电极。其中，毫伏计是二次仪表，与 pH 计可通用。ORP 传感器利用对溶液 ORP 值变化敏感的测量电极（常规复合电极或电极对）和有恒定电位的参比电极所组成的工作电池来测量电势，从而反映溶液的氧化性或还原性。

2）参数

测量指标：氧化还原电位　　　　　测量方法：玻璃电极法

量程：−1999~+1999 mV　　　　　测量精度：±20 mV

分辨率：1 mV　　　　　　　　　　供电电压：12/24 VDC

防护等级：IP68　　　　　　　　　通信接口：RS485（Modbus）

（8）透明度传感器

1）工作原理

许多悬浮于水中的物质对可见光具有吸收或阻挡作用，从而使水的透明程度降低。因此，可以通过测量水中物质的吸光度来计算水的透明度，透明度传感器就是根据这个原理设计而成的。当透明度传感器浸入待测溶液时，可读取和测量液体对特定波长光束的吸光度，再通过特定的曲线拟合和计算，最终得到溶液的透明度数据。

2）参数

测量指标：透明度　　　　　　　　测量方法：反射法

量程：5.00~2000.00 cm　　　　　分辨率：0.1 cm

测量精度：0.1 cm　　　　　　　　防水等级：IP68

供电电压：12/24 VDC　　　　　　通信接口：RS485（Modbus RTU）

（9）溶解氧（DO）传感器

1）工作原理

荧光法溶解氧测定仪是基于物理学中特定物质对活性荧光的猝熄原理制成的。传感器前端的荧光物质是特殊的铂金属卟啉复合了允许气体通过的聚酯箔片，表面涂了一层黑色的隔光材料以避免日光和水中其他荧光物质的干扰。调制的绿光照到荧光物质上使其激发并发出红光，由于氧分子可以带走能量（猝熄效应），所以激发红光的时间和强度与氧分子的浓度成反比。采用与绿光同步的红光光源作为参比，测量激发红光与参比光之间的相位差，并与内部标定值比对，即可计算出氧分子的浓度，后经过温度补偿输出最终值。

2）参数

测量指标：溶解氧　　　　　　　　测量方法：荧光法

量程：0~20 mg/L　　　　　　　　测量精度：±0.3 mg/L

零点漂移：±0.3 mg/L　　　　　　量程漂移：±0.3 mg/L

实际水样比对相对误差：±0.3 mg/L　　分辨率：0.01 mg/L

供电电压：12/24 VDC　　　　　　通信接口：RS485（Modbus RTU）

7.2　井下地下水监测模块研发设计组装

在上述传感器组件技术比对遴选的基础上，井下地下水监测模块拟按4个传感器一组的方式进行集成。如常规水质四参数（地下水位、pH、DO、电导率）监测模块，污染场景水质四参数（氨氮、浊度、COD、氧化还原电位）监测模块等。地下水监测模块整体结构包括供电电池包、数据采集传输（RTU）单元和水质传感器三部分。通过优化设计，可以实现供电电池包和数据采集传输单元的小型一体化封装，并可进行数据远程自动传输与管理。

7.2.1 地下水监测模块井下多级安装与分层监测原理

将研发的地下水水质监测模块多级串联于井下安装，构建不同水质监测指标集成监测、不同地层深度分层监测的井下原位自动化监测技术体系。如图 7-1 所示，通过对井下不同深度层位或不同含水层（含水岩组）的多个水质指标实施分层监测，可获取钻孔内特征污染物随地层深度变化的浓度扩散梯度。

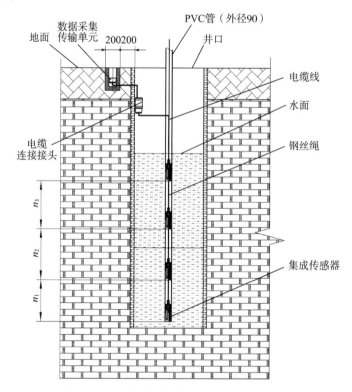

图 7-1　地下水监测模块多级串联分层监测图

注：$n_1 \sim n_3$ 为多级串联地下水监测模块的井下设置深度及间距。

现场安装及系统连接方式如下：便携式电池包通过开孔器直接固定在井口地面，数据采集传输单元内置于便携式电池包中。单根电缆线连接多个地下水监测模块，分别于井下安装放置在不同地层深度。远程自动化监测应用场景供电除选择太阳能电板外，还可以在井内安装 1~3 个电池组件，以解决多级地下水监测模块的井下供电问题。

7.2.2　地下水监测模块研发设计

地下水监测模块拟集成 4 个指标的传感器，可从地下水位、电导率、pH、溶解氧、流量、氨氮、浊度、化学需氧量、水中油、叶绿素、蓝绿藻、透明度和氧化还原电位等传感器中遴选。

地下水监测模块结构由集成传感器外壳、4 个传感器、四芯电缆线、钢丝绳吊耳、防水接头和钢丝绳等组成，如图 7-2 所示。单个地下水监测模块安装通过 304 钢丝绳放入钻孔内，钢丝绳一端连接地下水监测模块外壳上的钢丝绳吊耳，实现多级串联，另一端延伸至井口地面并在井口固定。多个集成传感器通过 4 颗十字盘头螺钉和内径为 90 mm 的 PVC 管连接并安装在井下：钢丝绳 1 一端连接集成传感器上的钢丝绳吊耳，另一端在井口固定；钢丝绳 2 连接另一集成传感器上的钢丝绳吊耳。

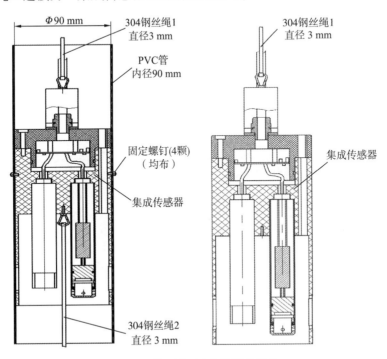

图 7-2　井下地下水监测模块结构

地下水监测模块关键部件三维设计如图7-3所示，整体设计如图7-4所示。集成传感器外壳体内设4个传感器位置，中心顶端内凹处预留4根传感器信号接头通道，中心外环设3个中空通道供相关空压管线、电缆线、钢缆绳等穿越。中心外环设3个螺纹孔，用于壳体和盖板连接。外壳体材料选择黑色POM塑钢，整体外表面烤黑色漆。外壳体上盖板选用黑色POM塑钢并加工，设O形圈用于防水，中心预留通孔用于连接钢丝绳吊耳和接头，电缆线从吊耳穿越，整体防护等级达IP68。

图 7-3　地下水监测模块关键部件
三维设计图

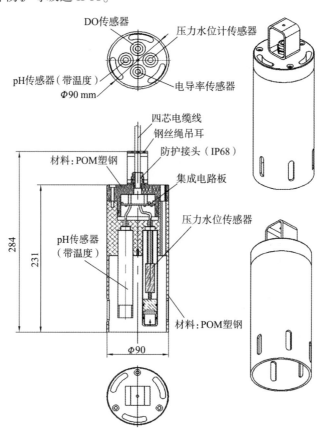

图 7-4　地下水监测模块整体设计图（单位：mm）

7.2.3　地下水监测模块供电与数据传输单元研发设计组装

项目课题组研发设计了模块化集成 4 个监测指标的地下水监测模块。在此基础上，对井下供电单元、监测数据采集与自动化远程传输单元进行了优化整合，试制研发一体化的供电与数据传输单元，每半年更换电池进行维护。

监测模块通常由信号输入/输出模块、微处理器、有线/无线通信设备、电源（自带锂电池供电）及外壳等组成，其中，供电部分设置便携式电池包，以实现对现场信号、工业设备的监测和控制。便携式电池包相关技术参数如表 7-2 所示。

表 7-2　便携式电池包相关技术参数

项目	参数
功耗	毫安级耗电
通信接口	RS485（Modbus），4~20 mA
信号覆盖	20 dB 增益
电池寿命	15 年
电池容量	12 V/136 Ah
存储空间	16 M FLASH（可扩展）
操作温度	−35~80 ℃
存储温度	−35~80 ℃
防护等级	IP68
承压能力	40 t 长时间高速碾压
外形尺寸	106 mm×182 mm
支持传感器	水位传感器、雨量传感器、流量传感器、水质传感器
电池更换周期	5 年免更换

融合数据采集与自动传输功能单元的便携式电池包具有多项优势：① 便携式电池包通过外径为 8 mm 的五芯电缆线（其中一根为气管）；② 防护等级可达 IP68；③ 航空插头和集成传感器连接，可以同时接 3 个集成传感器；④ 携式电池包既可以安装在管壁内，也可以装在井口路面上。

井下传感器组件集成方式如图 7-5 所示。各传感器组件安装过程及室内测试工作如图 7-6 至图 7-7 所示。

图 7-5　井下传感器组件集成三维设计图

图 7-6　井下传感器组件实物图

图 7-7　井口数据传输部分（数据采集传输单元及电池包）

第 8 章 四川省绵阳市北川羌族自治县 黄家坝村应用案例

8.1 黄家坝村地质背景

黄家坝村位于四川盆地西北部龙门山北段地区，是四川省绵阳市北川县曲山镇下辖的行政村（见图 8-1）。黄家坝处于山地和河谷交接地带，位于青泥沟与渝江交汇的冲积扇处，高程约为 680 m，两侧高山的最高处均超过 1500 m，呈狭窄的裂谷形，是典型的汇水区域。

(a) 地理位置图　　　　　　　　　　(b) 三维地形图

图 8-1 黄家坝村遥感影像

8.1.1 地层结构

该区域地层从古生代寒武系至中生代三叠系海相地层都发育较完整（见图 8-2）。

寒武系（∈）：组成王屋垭—银溪窝背斜核部，为区内最古老地层，包括长江沟组、磨刀垭组，厚 1327 m，为单陆屑及复陆屑建造。岩性主要为岩屑石英砂岩、粉砂岩、含砾砂岩夹少量泥灰岩，砾石成分为燧石。

奥陶系（O）：发育宝塔组龟裂纹灰岩，厚 26~42 m。

志留系（S）：发育新滩组（S_{1x}）砂质页岩夹砂岩、粉沙岩，罗惹坪组（S_{2lr}）钙质粉沙岩，粉沙岩夹灰岩透镜体，总厚度为 1096.6 m。

泥盆系（D）：为一套砂质滨岸、浅海陆棚和碳酸盐台地沉积。岩性主要为生物碎屑泥晶灰岩夹生物礁灰岩、粉砂岩及石英砂岩与泥质生物灰岩不等厚互层，总厚度为 915~1415 m。

石炭系（C）：发育总长沟组（C_{1z}），为一套造礁碳酸盐建造和单陆屑建造。岩性以灰岩为主，局部夹钙质页岩，厚 13~78 m。

二叠系（P）：地层发育齐全，为一套单陆屑含煤建造、碳酸盐台地、潮坪环境沉积，总厚度为 600 m。岩性主要为炭质页岩、白色黏土岩夹石英砂岩透镜体及灰岩、泥质灰岩。含大量生物化石，局部白云石化。底部为海陆交互相煤系地层，在本区以富含有机质为特征，横向岩性厚度变化较大。

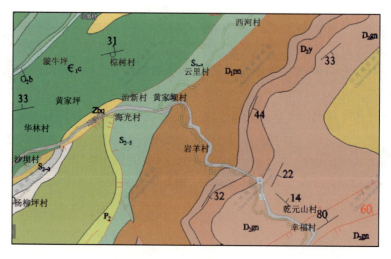

图 8-2　黄家坝村地质图（资料来源：全国 1∶20 万地质图）

8.1.2　断裂构造特征

整个龙门山北段推覆构造带呈北东—南西向的狭长条状，斜贯北川—

江油—广元地区，区内断裂发育，呈狭长条带状分布，主要由脆性的碳酸盐岩和碎屑岩构成，多为压性的高角度逆冲断层，呈叠瓦式排列，倾角一般大于 50°，倾向为北西向。

工作区内构造裂隙发育良好，裂隙率为 0.5% ~ 10%，局部高达 10% ~ 20%。褶皱核部纵张裂隙发育良好，发育程度自上而下逐渐变差，呈断续状切层发育。区内横张裂隙也发育良好，为横向深切河谷的发育创造了条件。扭性或压扭性裂隙普遍发育较好，常组成"X"形共轭节理，裂面一般平直，其特点是时密时疏，长短不一。

8.1.3　水文地质特征

该区域地下水类型较为齐全，水文地质特征如图 8-3 所示。

图 8-3　黄家坝村水文地质图（来源：全国 1∶20 万区域水文地质图）

各类型浅层地下水及含水层特征如下：

（1）第四系松散堆积层孔隙水

含水层主要由全新统冲积或冲洪积层组成，沿河谷两岸分布，组成漫滩和一级阶地，具二元结构，水位埋深 0.5~0.8 m。沟谷冲、洪积层出水量可小于 1000 t/d，主要由河水及大气降水补给，水量丰富至中等，以潜水为主。

（2）基岩裂隙水

基岩裂隙水分为层间裂隙水、碎屑岩裂隙水和红层浅层风化带裂隙水三类。前者以承压水为主，后两者主要为潜水。

8.2 施工前物探工作及建议井位

8.2.1 物探线布设情况

项目课题组在该区域布设了 1 条北西向测线和 3 条北东向测线。其中，北西向测线主要垂直于地层分布以及主构造方向；北东向测线主要垂直于次级构造方向，对北西向测线具有交叉验证作用。具体布设情况如图 8-4 所示。

(a) 遥感影像　　　　　　　　　　　(b) 地形线

图 8-4　物探测线布置图

8.2.2 测线反演结果及解译

由于地表冲积扇砾岩非常松散，在不含水的情况下表现为高阻异常特征。1 号测线剖面在海拔 560~580 m 之间有一个明显的分界面（见图 8-5），该分界面主要为地下潜水面，潜水面以下的砾岩中的缝隙被地下水填充，形成低阻特征。根据低阻异常的特征，分别在测线 100，300，520 m 的位置预布了井位，从影像图可以明显看到 300 m 和 520 m 的位置均位于该区的两条冲沟附近。

2 号测线剖面也在海拔 560~580 m 之间呈现一个明显的分界面，同样视其为示范区南侧北东向通口河的河水侵入形成的潜水面。该区域通口河段的河面平均海拔为 562 m，在干旱季节，地下水主要由河水补给，因此潜水面较低，海拔近似河面海拔。高密度电法反演结果显示（见图 8-6），该测线上没有明显的低阻异常区，建议在海拔 280~420 m 之间预布井位。

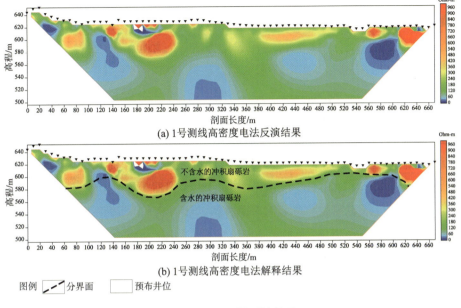

(a) 1号测线高密度电法反演结果

不含水的冲积扇砾岩

含水的冲积扇砾岩

(b) 1号测线高密度电法解释结果

图例 ◢◤分界面 □预布井位

图 8-5　1 号测线反演结果

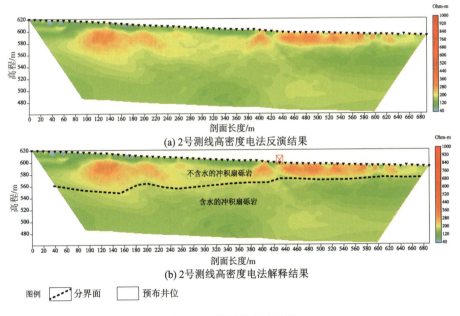

(a) 2号测线高密度电法反演结果

不含水的冲积扇砾岩

含水的冲积扇砾岩

(b) 2号测线高密度电法解释结果

图例 ◢◤分界面 □预布井位

图 8-6　2 号测线反演结果

　　3 号测线剖面在海拔 540~560 m 之间呈现一个明显的分界面（见图 8-7），结合该区域地质资料，可以推断界面以上为含水的冲积扇砾岩，界面以下为志留系砂岩或粉砂岩。根据异常的分布特征，可推断一条断裂，根据断裂所在位置，可以在海拔 260~340 m 之间预布井位。

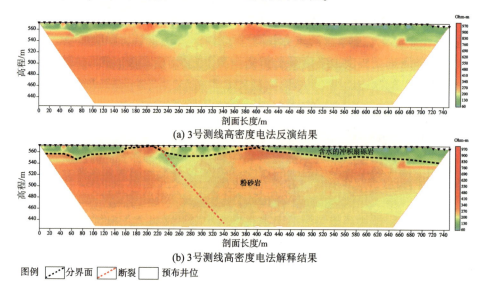

(a) 3号测线高密度电法反演结果

(b) 3号测线高密度电法解释结果

图例 ⋯⋯分界面 ----断裂 ☐预布井位

图 8-7　3 号测线反演结果

相关建议井位已经统计在表 8-1 中，并标注在图 8-8 中。

表 8-1　建议井位点位置及坐标

采水区	汇水条件	建议点位（L, B, H）
1	坡积物地形浅表地下水，湔江+都坝河交汇补给，断裂带裂隙水	（104°32′22.47674″，31°52′19.76377″，606.108）
2	坡积物地形浅表地下水，湔江河补给	（104°32′17.27798″，31°52′18.22013″，603.91）
3	坡积物地形浅表地下水	（104°32′11.06438″，31°52′17.33661″，615.657）
4	5 号点调整位	（104°32′2.12296″，31°52′10.58227″，615.903）
5	坡积物地形浅表地下水+断裂带裂隙水	（104°32′3.56271″，31°52′8.95864″，608.244）
6	基岩孔隙水+断裂带裂隙水	（104°31′54.96892″，31°52′20.39129″，669.171）
7	湔江河补给	（104°32′7.92862″，31°52′12.38651″，608.710）

图 8-8　建议井位点分布图

8.3　成井施工流程

8.3.1　材料准备

（1）井壁管（滤水管）

滤水管种类较多，有骨架式滤水管、缠丝滤水管、包网滤水管、砾石滤水管、贴砾滤水管、桥式滤水管、约翰逊过滤器等。工程所选用的滤水管只要符合设计要求、适用于工程即可。项目课题组依据在此地的施工经验，选用桥式滤水管（桥式滤水管耐久性好、孔隙率大），规格 Φ273 mm× 6 mm，桥孔缝隙~1 mm。

（2）滤料

根据设计要求，滤料选择粒径为 5~7 mm 的砾石。在选购时，要求圆砾直径必须符合要求，无结块和杂质，无粉状物。

滤料用量计算：

$$V = \frac{\pi a(D^2 - d^2)H}{4} \tag{8-1}$$

式中，V 为滤料用量，m^3；a 为充盈系数，取 111~1125；D 为钻孔直径，m；d 为井壁管外径，m；H 为填砾高度，m。

8.3.2　材料质量控制

整个施工过程中对材料的性能、规格、取样、适用范围等进行严格控制。井管需要按设计要求选材，并附有材质出厂检验合格证书。其中，跟管钻进钻具材料选择 $\varPhi168$ mm 的 CM 钢，套管材质选择 R780 型号，详细要求见5.2节。

8.3.3　钻探、成井工艺

（1）钻具

由于成井口径大，一次成孔钻进速度慢，成孔时间长，上层泥岩风化物易渗透地层，特别是含水层，造成洗井困难，进而影响出水量。所以，工程分二级成孔：第一级成孔直径 $\varPhi219$ mm，其目的是保证钻孔垂直度，了解地层结构；第二级成孔直径 $\varPhi168$ mm，达到设计口径。第二级扩孔钻进速度快，一是可防止塌孔，二是可防止水中杂质渗透含水层。

（2）开孔钻进

开孔前应配制好泥浆，也可以用清水开孔。开孔钻进应使用开孔钻头，采用低钻压、低钻速、中泵量钻进，保证开孔垂直且不塌，钻进到可加入第一级钻具时，更换钻具。即刚开始钻进采用低钻压、低转速、中泵量参数，正常后采用大钻压、中转速、大泵量钻进参数。

钻进过程中，应根据钻进速度、钻具运转情况及孔内返渣情况进行地层判别并详细记录。

黏土类地层钻进采用中钻压、中转速、大泵量参数；砂类地层钻进采用低钻压、慢转速、大泵量参数。

（3）安置井壁管和滤水管

根据地层结构先下入沉淀管，然后下入滤水管和井壁管（其中滤水管安置位置对应于含水层）。下管时每隔 10 m 安装一组扶正器，扶正器可用混凝土预制块或直径为 14~16 mm 的圆钢制作，其高度为

$$h=\frac{D-d}{2} \tag{8-2}$$

式中，h 为扶正器高度，mm；D 为钻孔直径，mm；d 为井壁管外径，mm。

扶正器顶面长度不小于 100 mm。

井壁管连接有两种方法：一种是丝扣连接；另一种是电焊焊接，电焊焊接一定要结实，符合强度要求，无大于 1 mm 的砂眼。结合施工经验和现场具体条件，建议选用丝扣连接法。

桥式滤水管采用穿孔垫筋缠丝包网，井管上端呈梅花形圆孔，孔径为 18 mm，滤水管孔隙率为 30%；井管底部用 6 mm 后钢板封底。

（4）填砾

采用静水填砾法，为了防止填砾过程中砾料中途堵塞而出现"架桥"现象，填砾不要过快，应一锹一锹地填，同时观察井壁管内返浆情况。正常情况下，填砾过程中泥浆均匀外溢。此外，应计算填砾的高度并隔段测量砾料的填埋高度，若发现"架桥"现象应及时处理。处理方法如下：在"架桥"部位用活塞上、下抽拉，或用钻具间歇性短时间回转敲打井壁管，实现解桥。填砾高度应比设计值高出 5~8 m。

（5）止水

将优质黏土（含砂量<4%）预泡后团成 30~40 mm 直径的黏土球，均匀地投入井壁管与钻孔的环状间隙，填厚约 10 m，然后利用活塞在井壁管内进行抽拉，同时观察井壁管内、外水位变化情况。如果井壁管外的水位不发生变化，说明止水成功，可继续投黏土球至护筒底部。

（6）洗井与抽水实验

填砾与止水结束后，先利用活塞在井壁管内滤水管段进行抽拉，然后观测水位的变化，发现与原水位不同时，提出活塞并下泵抽水，抽水的同时测量动、静水位及出水量。动水位稳定后提出水泵，下入捞渣筒捞取沉淀管内的固相物，再下入活塞抽拉，更换捞渣筒捞渣，然后下泵抽水，连续抽水 48 h，测量动、静水位及出水量等水文地质参数，取全分析水样送实验室检验。

当出水量不能满足要求时，可先用六偏磷酸钠溶液浸泡含水层 20 h 以上，再用空压机洗井抽出浸入含水层的黏土和粉砂。

（7）现场记录

现场要认真做好钻探班报表记录，进行简易水文观测。准确记录各含水层深度、厚度、漏水、涌水情况，以及坍塌、掉块位置。

8.4 深井泵的安装

深井泵的外径应小于或等于 $\Phi150$ mm，扬程应为 $50\sim200$ m，排水量应为 $10\sim30$ m³/h。具体应根据实际出水量和需水量，挑选合适的泵型。

水泵进水口必须在动水位 1 m 以下，电机下端距井底部至少 5 m。水泵额定功率小于或等于 15 kW、电压为 380 V±5‰时，电动机允许采用满压启动；水泵额定功率大于 15 kW 时，电动机采用降压启动或软启动控制设备。现场应备有相应的吊装工具，如三脚架、吊链等。在装好保护开关和启动设备后，瞬间启动电机（不超过 1 s），观察电机转向是否和转向牌相同，若相反，调换任意两个接头即可，然后上好护线板和滤水网，准备下井。在电机与水泵连接试转向时，必须从泵出水口灌入清水，待水从进水节流阀出来时方可启动。

8.5 工期和人员安排

8.5.1 工期

为满足应急供水的要求，水井需要自开工批准之日起 24 h 内完工。

8.5.2 人员安排

供水井施工安排项目负责人 1 名，施工技术负责人 1 名，机长 1 名，工人 3 名，当地雇员 5 人。

8.6 安全生产、文明施工

8.6.1 安全技术管理

（1）制度建设

加强对安全生产的领导，建立健全各级安全机构，充分发挥安全组织的作用，及时记录各类安全活动。

（2）加强安全教育

机长要对钻机工人进行经常性的安全教育，组织其学习安全生产文件及安全技术知识，要求人人自觉遵守规章制度，坚决杜绝违章操作，防止各类事故的发生。安全和钻探管理人员要经常深入现场指导生产，发现不安全因素和事故隐患时协助相关人员及时排除，对发生的事故按"三不放过"原则，认真总结经验教训。

8.6.2　安全措施

① 安全设施应配备齐全，防火工具必须人人会用。

② 施工做好防暑、防火工作，钻塔装好避雷针，雨季施工应做好防雨工作。

③ 遵守地质勘探安全规程，不随便在不明情况的水域下水或涉水过河。

④ 随时注意天气变化，遇有特殊情况及时通知钻机操作人员，以便采取相应措施。

⑤ 钻机应配备完好的通信器材，使得操作人员可及时与项目部取得联系。

⑥ 钢丝绳应定期检查断头数，若断头数超过安全规程的有关规定，应及时更换。

⑦ 定期检查钻杆接头的老化情况，更换不合格的接头。

⑧ 进入现场的人员必须穿戴好劳保用品。

⑨ 因故停钻，应将钻具提出。

⑩ 每日检查提升系统，如天轮、绳卡子等，经常检查活动工作台防坠装置的灵活性、可靠性，经常检查钻塔的连接螺栓是否松动。

8.6.3　文明施工管理

① 项目经理要把文明施工作为一项重要工作来抓，实行层层包干，任务落实到人，做到有布置、有落实、有奖罚，人人都为创建文明工地而努力。

② 工地成立文明施工领导小组，把文明施工放在和施工生产同等重要的位置进行管理。

③ 服从业主管理，协助甲方做好其他方面的协调工作。

④ 施工现场按标准化要求管理，做到文明安全生产。

⑤ 在施工期间员工严禁喝酒。

8.6.4 雨天施工措施

① 在雨天施工，项目部要组织检查暂设设施是否牢固，有危险的应采取加固措施；检查电气设备和用电设备的防雨设施是否完备，用电设备绝缘是否良好，所有用电设备及电气设备都应有防雨设施。现场小型机械必须按规定加防雨罩。

② 雨季施工要着重做好现场排水、道路修整以及仓库的防漏、防淹、防漏电等工作；要提前准备好排水机具，以及雨季施工材料与防护材料，铺设好道路，保证雨后能尽快恢复正常的作业和运输。

③ 因为是露天作业，下雨时要派专人清理积水，疏通排水。

④ 雨后要安排人员清理车辆通道淤泥，并做好防滑措施。

⑤ 由于下雨对场地有一定的影响，为避免陷机、桩位偏移，在钻孔前必须再次复核桩位，确保在规范允许的偏差范围内钻孔。

8.7 其他

8.7.1 常见事故应急准备

（1）组织机构及职责

项目部应设事故应急处置领导小组，并标明联系电话。

事故应急处置领导小组负责突发事故的应急处理。

（2）培训和演练

项目部安全员负责每年按要求组织一次事故应急响应模拟演练。各参与者按职责分工，协调配合完成演练。演练结束后由演练小组组长组织对应急响应的有效性进行评价，必要时对应急响应的要求进行调整或更新，演练、评价和要求更新的记录应予以保存。

（3）应急物资的准备和设备的维护、保养

项目部要准备简易担架、跌打损伤药品、包扎纱布等应急物资，注意保质保量。

各类应急物资要尽量配备齐全并加强日常维护、保养。

8.7.2　响应预案

（1）物体打击事故

发生物体打击事故后，发现事故者首先应高声呼喊，通知现场安全员。安全员要迅速拨打事故抢救电话及医疗急救电话，同时通知生产负责人组织紧急应变小组进行应急抢救，如采取现场包扎、止血等措施，防止发生受伤人员流血过多而亡故的事件。预先成立的事故应急处置领导小组要合理分工，各负其责，有序处理，重伤人员由施工队长协助送外抢救，最大限度地减少人员和财产损失。

应急负责人接到报告后，立即指挥项目安全员对现场进行控制，以防事态进一步蔓延或扩散。项目安全员同时通报公司应急处置领导小组。公司应急处置领导小组副组长到达事件现场，立即责令项目部停止生产，组织事件调查，并将事件的初步调查情况通报公司应急处置领导小组组长。公司应急处置领导小组组长接到事件通报后，上报当地主管部门，等候调查处理。

（2）施工中挖断水、电、通信光缆、煤气管道事故

最先发现挖断水、电、通信光缆、煤气管道的人员要立即报告单位应急负责人。应急负责人到达现场负责总指挥，如迅速封锁事故现场，对事故点 20 m 范围内进行维护隔离，采取临时措施将事故的损失及影响降至最低，并电话通报公司应急处置领导小组。项目安全员应立即拨打本市自来水报修中心电话、供电急修电话、通信光缆急修电话，电话中应详细说明单位名称、所在区域、周围显著标志性建筑物、主要路线、主要特征、等候地址、所发生事故的情况及程度，随后到路口引导救援车辆。

应急处置领导小组副组长到达事故现场后，立即组织事故调查，并将事故的初步调查结果通报给应急处置领导小组组长。应急处置领导小组组长接到事故通报后，应上报当地主管部门，并等候调查处理。

（3）事故后处理工作

项目负责人应查明事故原因及责任人，并以书面形式提交报告，报告中应包括发生事故的时间、地点、受伤（死亡）人员姓名、性别、年龄、工种、伤害程度、受伤部位等。项目负责人应对所有人员进行安全教育，并制定有效的预防措施，防止此类事故再次发生；应向所有人员宣读事故处理结果及对责任人的处理意见。

参考文献

[1] Agarwal C S. Study of drainage pattern through aerial data in Naugarh area of Varanasi district, U. P. [J]. Journal of the Indian Society of Remote Sensing, 1998,26(4):169-175.

[2] Butera I, Tanda M G, Zanini A. Simultaneous identification of the pollutant release history and the source location in groundwater by means of a geostatistical approach [J]. Stochastic Environmental Research and Risk Assessment, 2013,27(5):1269-1280.

[3] Butera I, Tanda M G. A geostatistical approach to recover the release history of groundwater pollutants[J]. Water Resources Research, 2003,39(12): 1372-1397.

[4] Chopra R, Dhiman R D, Sharma P K. Morphometric analysis of sub-watersheds in Gurdaspur district, Punjab using remote sensing and GIS techniques [J]. Journal of the Indian Society of Remote Sensing, 2005,33(4):531-539.

[5] Clarke J I. Morphometry from maps:Essays in geomorphology [M].New York: Elsevier Publ. Co.,1966.

[6] Coleman T I, Parker B L, Maldaner C H, et al. Groundwater flow characterization in a fractured bedrock aquifer using active DTS tests in sealed boreholes[J]. Journal of Hydrology, 2015,528:449-462.

[7] DAR R A, CHANDRA R, ROMSHOO S A. Morphotectonic and lithostratigraphic analysis of intermontane Karewa basin of Kashmir Himalayas, India [J]. Journal of Mountain Science, 2013,10(1):1-15.

[8] Dobos E, Daroussin J, Montanarella L. An SRTM-based procedure to delineate SOTER Terrain Units on 1∶1 and 1∶5 million scales [M]. Luxembourg:

Office for Official Publications of the European Communities, 2005.

[9] Engelen G B, Kloosterman F H. Groundwater flow systems and hydrocarbon migration[C] //Hydrological Systems Analysis. Dordrecht: Springer, 1996.

[10] Evans I S. General geomorphometry, derivatives of altitude, and descriptive statistics [C] //Spatial Analysis in Geomorphology. Routledge, 2019.

[11] Freeze R A, Witherspoon P A. Theoretical analysis of regional groundwater flow: 2. Effect of water-table configuration and subsurface permeability variation[J]. Water Resources Research, 1967,3(2):623-634.

[12] Gardiner V, Park C C. Drainage basin morphometry[J]. Progress in Physical Geography: Earth and Environment, 1978,2(1):1-35.

[13] Gayen S, Bhunia G S, SHIT P K. Morphometric analysis of Kangshabati-Darkeswar interfluves area in west Bengal, India using ASTER DEM and GIS techniques [J].Journal of Geology & Geosciences, 2013,2(4):1-10.

[14] Gorelick S M, Evans B, Remson I. Identifying sources of groundwater pollution: An optimization approach [J]. Water Resources Research, 1983, 19(3):779-790.

[15] Gravelius H. Grundrifi der gesamten Gewcisserkunde. Band Ⅰ: Flufikunde (Compendium of Hydrology, Vol. I. Rivers, in German) Goschen [M]. Berlin:Goschen, 1914.

[16] Horton R E. Drainage-basin characteristics[J]. Transactions-American Geophysical Union, 1932,13(1):350-361.

[17] Horton R E. Erosional development of streams and their drainage basins; hydrophysical approach to quantitative morphology [J]. Geological Society of America Bulletin, 1945,56(3):275-370.

[18] Hu B, Wang H, Liu J H, et al. A numerical study of a submerged water jet impinging on a stationary wall [J]. Journal of Marine Science and Engineering, 2022,10(2):228.

[19] Krupa J. Examining a nontechnical guide to petroleum geology, exploration, drilling, and production[J]. Energy Policy, 2013,58:408-409.

[20] Li G S, Tan Y J, Cheng J, et al. Determining magnitude of

groundwater pollution sources by data compatibility analysis[J]. Inverse Problems in Science and Engineering, 2006,14(3):287-300.

[21] Li Q, Liu X H, Zhang J, et al. A novel shallow well monitoring system for CCUS: With application to Shengli oilfield CO_2-EOR project[J]. Energy Procedia, 2014,63:3956-3962.

[22] Liu X H, Li Q, Song R R, et al. A multilevel U-tube sampler for subsurface environmental monitoring[J]. Environmental Earth Sciences, 2016, 75(16):1194.

[23] Magesh N S, Chandrasekar N, Kaliraj S. A GIS based automated extraction tool for the analysis of basin morphometry[J]. Bonfring International Journal of Industrial Engineering & Management Science, 2012,2:32-35.

[24] Merritts D, Vincent K R. Geomorphic response of coastal streams to low, intermediate, and high rates of uplift, medocino triple junction region, northern California[J]. Geological Society of America Bulletin, 1989,101(11): 1373-1388.

[25] Mogaji K A, Lim H S, Abdullah K. Regional prediction of groundwater potential mapping in a multifaceted geology terrain using GIS-based Dempster-Shafer model[J]. Arabian Journal of Geosciences, 2015,8(5):3235-3258.

[26] Mueller J E. An introduction to the hydraulic and topographic sinuosityindexes[J]. Annals of the Association of American Geographers, 1968, 58(2):371-385.

[27] Nag S K, Chakraborty S. Influence of rock types and structures in the development of drainage network in hard rock area[J]. Journal of the Indian Society of Remote Sensing, 2003,31(1):25-35.

[28] Nielsen D M. Practical handbook of environmental site characterization and groundwater monitoring[M]. Boca Raton: CRC press, 2005.

[29] Ozdemir H, Bird D. Evaluation of morphometric parameters of drainage networks derived from topographic maps and DEM in point of floods[J]. Environmental Geology, 2009,56(7):1405-1415.

[30] Parker L V. The effects of ground water sampling devices on water quality:A literature review[J]. Groundwater Monitoring & Remediation, 1994,

14(2):130-141.

[31] Petrasova A, Harmon B, Petras V, et al. Tangible modeling with open source GIS[M]. Cham: Springer, 2018.

[32] Quinn P, Parker B L, Cherry J A. Blended head analyses to reduce uncertainty in packer testing in fractured-rock boreholes [J]. Hydrogeology Journal, 2016,24(1):59-77.

[33] Reddy G P O, Maji A K, Gajbhiye K S. Drainage morphometry and its influence on landform characteristics in a basaltic terrain, central India: A remote sensing and GIS approach[J]. International Journal of Applied Earth Observation and Geoinformation, 2004,6(1):1-16.

[34] Schumm S A. Evolution of drainage systems and slopes in badlands at Perth Amboy, new jersey [J]. Geological Society of America Bulletin, 1956, 67(5):597-646.

[35] Sethupathi, Narasimhan L, Vasanthamohan. et al. Prioritization of miniwatersheds based on morphometric analysis using remote sensing and GIS techniques in a draught prone Bargur-Mathur subwatersheds, Ponnaiyar River basin, India [J]. International journal of Geomatics and Geosciences, 2011, 2(2):403-414.

[36] Shreve R L. Stream lengths and basin areas in topologically random channel networks[J]. The Journal of Geology, 1969,77(4):397-414.

[37] Skaggs T H, Kabala Z J. Recovering the release history of a groundwater contaminant[J]. Water Resources Research, 1994,30(1):71-79.

[38] Smith K G. Standards for grading texture of erosional topography[J]. American Journal of Science, 1950,248(9):655-668.

[39] Smith L, Inman A, Xin L, et al. Mitigation of diffuse water pollution from agriculture in England and China, and the scope for policy transfer[J]. Land Use Policy, 2017,61:208-219.

[40] Snodgrass M F, Kitanidis P K. A geostatistical approach to contaminant source identification[J]. Water Resources Research, 1997,33(4):537-546.

[41] Sreedevi P D, Owais S, Khan H H, et al. Morphometric analysis of a watershed of South India using SRTM data and GIS[J]. Journal of the Geological

Society of India, 2009,73(4):543-552.

[42] Strahler A N. Dynamic basis of geomorphology[J]. Geological Society of America Bulletin, 1952,63(9):923-938.

[43] Strahler A N. Quantitative geomorphology of drainage basins and channel networks [C]//Chow V T. Handbook of Applied Hydrology. New York: McGraw Hill. 1964:439-476.

[44] Tang S N, Zhu Y, Yuan S Q. A novel adaptive convolutional neural network for fault diagnosis of hydraulic piston pump with acoustic images[J]. Advanced Engineering Informatics, 2022,52:101554.

[45] Tang S N, Zhu Y, Yuan S Q. Intelligent fault diagnosis of hydraulic piston pump based on deep learning and Bayesian optimization [J]. ISA Transactions, 2022,129(Part A):555-563.

[46] Tóth J. A theoretical analysis of groundwater flow in small drainage basins[J]. Journal of Geophysical Research, 1963,68(16):4795-4812.

[47] Tóth J. A theory of groundwater motion in small drainage basins in central Alberta, Canada[J]. Journal of Geophysical Research, 1962,67(11):4375-4388.

[48] Tóth J. Cross-formational gravity-flow of groundwater: A mechanism of the transport and accumulation of petroleum (the generalized hydraulic theory of petroleum migration)[J]. Problems of petroleum migration, 1980:121-167.

[49] Tóth J. Groundwater as a geologic agent: An overview of the causes, processes, and manifestations[J]. Hydrogeology Journal, 1999,7(1):1-14.

[50] Vannevel R. Learning from the past: Futurewater governance using historic evidence of urban pollution and sanitation [J]. Sustainability of Water Quality and Ecology, 2017,9:27-38.

[51] Wilson J S, Chandrasekar N, Magesh N S. Morphometric analysis of major sub-watersheds in Aiyar & Karai Pottanar Basin, central Tamil Nadu, India using remote sensing & GIS techniques[J]. Bonfring International Journal of Industrial Engineering and Management Science, 2012,2(S1):8-11.

[52] Woodhouse P, Muller M. Water governance: An historical perspective on current debates[J]. World Development, 2017,92:225-241.

［53］Yadav S K, Dubey A, Szilard S, et al. Prioritisation of sub-watersheds based on earth observation data of agricultural dominated northern river basin of India［J］. Geocarto International,2018,33(4):339-356.

［54］Yao N P, Zhang J, Jin X, et al. Status and development of directional drilling technology in coal mine［J］. Procedia Engineering, 2014,73:289-298.

［55］Zaporozec A. Graphical interpretation of water-quality data［J］. Groundwater, 1972,10(2):32-43.

［56］Zhang D, Wang H L, Liu J H, et al. Flow characteristics of oblique submerged impinging jet at various impinging heights［J］. Journal of Marine Science and Engineering, 2022,10(3):399.

［57］ZhuY, Li G P, Tang S N, et al. Acoustic signal-based fault detection of hydraulic piston pump using a particle swarm optimization enhancement CNN［J］. Applied Acoustics, 2022,192.

［58］ZhuY, Li G P, Wang R, et al. Intelligent fault diagnosis of hydraulic piston pump combining improved LeNet-5 and PSO hyperparameter optimization［J］. Applied Acoustics, 2021,183.

［59］曹东风.宝峨 RB50 型车载钻机施工工艺探讨［J］.中国煤炭地质, 2009,21(7):69-70,85.

［60］陈海燕.地下水污染物监测技术的研究进展［J］.能源与环境, 2016 (3):77-78.

［61］陈礼宾.美国地下水监测的一些方法和仪器［J］.地下水, 1988, (1):55-58,54.

［62］陈章.旋挖钻机动力头液压驱动系统参数优化及仿真［D］.西安: 长安大学, 2017.

［63］迪茹侠.负载敏感液压系统防冲击机理及试验研究［D］.西安:长安大学, 2018.

［64］郭传新, 杨文军.旋挖钻机国内外发展状况及应用前景［J］.建设机械技术与管理, 2005,18(3):27-30.

［65］郭继艳.CFR80 旋挖钻机液压控制系统的仿真研究［D］.秦皇岛:燕山大学, 2016.

［66］贺立军.新型全液压多功能锚杆钻机关键技术的研究［D］.武汉:

中国地质大学, 2010.

[67] 胡少韵, 赵学社, 姚宁平, 等. GY-15 型全液压动力头工程钻机的研制[J]. 煤田地质与勘探, 1998,26(S1):63-65.

[68] 胡少韵. 我国煤矿坑道钻探技术发展及存在的问题[J]. 煤田地质与勘探, 1998,26(S1):59-62.

[69] 胡志坚. 钻机负载自适应液压控制系统的研究[D]. 长春:吉林大学, 2007.

[70] 奎中, 何磊, 林下斌, 等.GDZ-300L 型履带式全液压多功能钻机的设计[J].探矿工程(岩土钻掘工程), 2013,40(7):88-92.

[71] 兰波, 朱勇, 高强, 等. 不同地层下钻机回转系统随载调速动态特性研究[J]. 机床与液压, 2024,52(16):118-127.

[72] 李琦, 刘学浩, 李霞颖, 等. 基于 U 型管原理的浅层地下流体环境监测与取样技术[J]. 环境工程, 2019,37(2):8-12,21.

[73] 李小杰, 潘德元, 叶成明, 等. 国外地下水监测采样技术[J]. 人民黄河, 2014,36(11):48-50,54.

[74] 李亚美, 成建梅, 崔莉红, 等. 分层监测孔现场分级联合试验确定含水层参数[J]. 南水北调与水利科技, 2013,11(3):132-137.

[75] 刘刚. 流砂地层的非开挖导向钻进工法探讨[J]. 探矿工程(岩土钻掘工程), 2005,32(1):32-34.

[76] 刘伟江, 王东, 文一, 等. 我国地下水污染修复试点对策建议:对《水污染防治行动计划》的解读[J]. 环境保护科学, 2015,41(3):12-15.

[77] 中国地质调查局武汉地质调查中心(中南地质科技创新中心). 基于气驱原理的地下水单管脉冲分层采样装置:CN202020942467.9[P]. 2021-01-05.

[78] 刘学浩. 一种适用于多个含水层的地下水分层监测井:CN20182099 2224.9[P]. 2019-01-08.

[79] 刘学浩, 李琦, 方志明, 等. 一种新型浅层井 CO_2 监测系统的研发[J]. 岩土力学, 2015,36(3):898-904.

[80] 刘学浩, 李琦, 王清, 等. 一孔多层地下水环境监测技术国际经验与对中国的启示[C]∥中国环境科学学会,中国光大国际有限公司.2017 中国环境科学学会科学与技术年会论文集:第二卷. 北京:《中国学术期刊(光盘

版)》电子杂志社有限公司，2017.

[81] 中国地质调查局武汉地质调查中心. 一种适用于无井地区的地下水定深分层取样装置与方法：CN201610831195.3[P]. 2017-01-25.

[82] 王明明，卢颖，解伟. CMT 监测井在黑河流域地下水监测中的应用[J]. 中国环境监测，2016,32(6):141-145.

[83] 邵骞. 280 kN·m 车载旋挖钻机的设计与分析[D]. 哈尔滨：哈尔滨理工大学，2016.

[84] 宋伟. SPL-400 型履带式水井钻机的设计[D]. 石家庄：石家庄铁道大学，2018.

[85] 粟小炜，杨茜. 三一亚洲最大旋挖钻机助力深圳城市建设[J]. 工程机械，2015,46(9):94.

[86] 孙继朝，刘景涛，齐继祥，等. 我国地下水污染调查建立全流程现代化调查取样分析技术体系[J]. 地球学报，2015,36(6):701-707.

[87] 滕海波. 地下水监测存在问题与对策研究[J]. 水利规划与设计，2016,(11):49-51.

[88] 王爱平，杨建青，杨桂莲，等. 我国地下水监测现状分析与展望[J]. 水文，2010,30(6):53-56.

[89] 王博. 旋转冲击型液压锚杆钻机动力头研究与分析[D]. 西安：西安建筑科技大学，2018.

[90] 王小龙. 中联重科 ZR280C-3 型旋挖钻机[J]. 工程机械与维修，2020,(3):39.

[91] 王艳清. ZDY3200S 型全液压坑道钻机动力头改进设计[D]. 西安：西安科技大学，2018.

[92] 王焰新，马腾，郭清海，等. 地下水与环境变化研究[J]. 地学前缘，2005,12(S1):14-21.

[93] 魏彦强，李新，高峰，等. 联合国 2030 年可持续发展目标框架及中国应对策略[J]. 地球科学进展，2018,33(10):1084-1093.

[94] 吴春发，骆永明. 我国污染场地含水层监测现状与技术研发趋势[J]. 环境监测管理与技术，2011,23(3):77-80.

[95] 夏军，石卫. 变化环境下中国水安全问题研究与展望[J]. 水利学报，2016,47(3):292-301.

［96］许刘万，曹福德，葛和旺.中国水文水井钻探技术及装备应用现状［J］.探矿工程(岩土钻掘工程)，2007，34(1):33-38，43.

［97］薛禹群，张幼宽.地下水污染防治在我国水体污染控制与治理中的双重意义［J］.环境科学学报，2009，29(3):474-481.

［98］鄢泰宁.岩土钻掘工程学［M］.武汉:中国地质大学出版社，2001.

［99］阎耀保，岑斌.大直径气动潜孔锤冲击器动力学过程分析［J］.流体传动与控制，2015(1):9-14.

［100］俞达.徐工牌 KHU2000 组合式钻机通过鉴定［J］.施工技术，2000，29(9):56.

［101］张冬冬.GF1500 全液压反循环工程钻机液压系统设计及动态分析［D］.邯郸:河北工程大学，2018.

［102］张启君.国内旋挖钻机的现状与施工技术点［J］.交通世界，2005(7):40-43.

［103］张诗达，朱勇，高强，等.旋冲钻井技术研究现状与展望［J］.排灌机械工程学报，2024，42(5):497-507.

［104］张泽宇，惠记庄，郑恒玉，等.旋挖钻机动力头液压系统全局功率匹配研究［J］.机械科学与技术，2016，35(12):1834-1841.

［105］郑继天，王建增，蔡五田，等.地下水污染调查多级监测井建造及取样技术［J］.水文地质工程地质，2009，36(3):128-131.

［106］郑继天，王建增，汪敏.FFS-A 型地下水定深取样器［J］.探矿工程(岩土钻掘工程)，2008，35(3):18-19.